工程技术与设备管理

李胡勇　编著

吉林科学技术出版社

图书在版编目（CIP）数据

工程技术与设备管理 / 李胡勇编著． -- 长春：吉林科学技术出版社，2019.8
ISBN 978-7-5578-5856-8

Ⅰ．①工… Ⅱ．①李… Ⅲ．①房屋建筑设备－设备管理－研究 Ⅳ．① TU8

中国版本图书馆 CIP 数据核字（2019）第 167355 号

工程技术与设备管理

编　　著	李胡勇
出 版 人	李　梁
责任编辑	朱　萌
封面设计	刘　华
制　　版	王　朋
开　　本	185mm×260mm
字　　数	230 千字
印　　张	10.25
版　　次	2019 年 8 月第 1 版
印　　次	2019 年 8 月第 1 次印刷
出　　版	吉林科学技术出版社
发　　行	吉林科学技术出版社
地　　址	长春市福祉大路 5788 号出版集团 A 座
邮　　编	130118
发行部电话/传真	0431—81629529　　81629530　　81629531
	81629532　　81629533　　81629534
储运部电话	0431—86059116
编辑部电话	0431—81629517
网　　址	www.jlstp.net
印　　刷	北京宝莲鸿图科技有限公司
书　　号	ISBN 978-7-5578-5856-8
定　　价	48.00 元

版权所有　翻印必究

前 言

本书在全面概述工程设备管理的基础上，剖析了工程设备管理的程序和内容，分析了工程设备管理应把握的原则和标准以及存在的问题及原因，提出了优化工程设备管理的对策。

设备管理是以设备为研究对象，应用一系列理论、方法，追求设备综合效率，通过一系列技术、经济、组织措施，对设备的物质运动和价值运动进行全过程（从规划、设计、选型、购置、安装、验收、使用、保养、维修、改造、更新直至报废）的科学型管理。设备管理是对设备寿命周期全过程的管理，包括选择设备、正确使用设备、维护修理设备以及更新改造设备全过程的管理工作。

工程设备管理是企业内部管理的重点。工程设备是企业生存与发展的重要物质财富，也是生产力的重要组成部分和基本要素之一，工程设备为企业从事生产经营提供重要的工具，也是衡量企业综合规模水平的物质标志。提高工程设备管理水平对促进企业进步与发展有着十分重要的意义。

工程设备管理是企业生产的保证。优化工程设备管理可以为企业提供优良而又经济的技术装备，使企业的生产经营活动得以顺利进行，从而可以确保企业提高生产效率，提高产品质量，降低生产成本，从而使企业获得最高经济效益。可以说，工程设备管理是企业产量、质量、效率和交货期的保证；是企业安全生产的保证。

工程设备管理是企业提高效益的基础。获取最大的经济效益是企业进行生产经营的目的，而工程设备管理就是提高经济效益的基础。工程设备对于增加企业产量，提高企业产品质量，是一个重要因素。提高工程设备的生产效率也是提高劳动生产率的关键。工程设备管理的主要内容之一便是减少工程设备的消耗来降低生产成本。总之，工程设备管理是企业提高效益的基础和根源之一。

工程设备管理工作的内容，包括从引进工程设备验收、使用维护保养、检查维修到配件的生产，设备的改造，以及日常的登记，保管，调拨等一系列工作。工程设备管理的任务是要保证工程设备在运行的全过程中，自始至终保持良好的状态。

对所有工程设备按工程设备的技术状况、维护状况和管理状况分为完好工程设备和非完好工程设备，并分别制订具体考核标准。

首先，需明确对工程设备润滑管理工作的要求；其次，应对工程设备润滑制订、执行和修改相应的标准，还需要对润滑油脂的分析化验管理；最后对于工程设备润滑新技术的应用与油品要进行更新管理。

工程设备发生缺陷，岗位操作和维护人员能排除的应立即排除，并在日志中详细记录。岗位操作人员无力排除的工程设备缺陷要详细记录并逐级上报，同时精心操作，加强观察，注意缺陷发展。并对工程设备进行维修和保养。

工程设备运行动态管理，是指通过一定的手段，使各级维护与管理人员能牢牢掌握住工程设备的运行情况，依据工程设备运行的状况制定相应措施。在工程设备的运行过程中加强安全管理。

目 录

第一章 工程技术的基本概念 001

　第一节 工程技术的可靠性分析 001

　第二节 工程技术的美 003

　第三节 电子信息工程技术 005

　第四节 工程技术管理与进度控制 007

　第五节 现代测绘工程技术及其发展趋势 010

第二章 工程技术的应用研究 013

　第一节 环境工程技术的应用 013

　第二节 机电工程技术的应用 017

　第三节 土木工程混凝土工程技术的应用 019

　第四节 多网融合的通信工程技术应用 022

　第五节 绿色化学工程技术的应用 024

　第六节 数字国土工程技术的应用 026

　第七节 输变电工程技术的应用 028

　第八节 高层建筑工程技术的应用 031

　第九节 测绘工程技术的应用 034

　第十节 表面工程技术的应用 036

第三章 设备管理的概述 041

　第一节 设备管理创新——"效应管理" 041

　第二节 盾构设备管理 043

　第三节 施工现场机械设备管理 047

第四节　建筑机械设备管理 ··· 050

　　第五节　电线电缆生产设备的管理 ································· 053

　　第六节　基于大数据的设备管理 ····································· 056

　　第七节　工程设备管理与成本控制 ································· 060

第四章　设备管理创新研究 ·· 064

　　第一节　设备管理创新提效助企业发展 ························· 064

　　第二节　加强企业设备管理创新实现设备资产优化增值 ··· 068

　　第三节　机电设备维护维修与管理的创新 ····················· 070

　　第四节　核电设备监造中的管理创新 ···························· 072

　　第五节　机械设备技术管理的创新 ································ 075

　　第六节　油气田设备管理模式的创新 ···························· 079

　　第七节　创新多媒体设备管理新模式 ···························· 081

　　第八节　高速公路机电设备创新管理 ···························· 083

　　第九节　配网设备材料质量监督管理的创新 ················· 085

　　第十节　风电场人员设备分工管理的实践应用和创新 ··· 089

第五章　工程设备管理研究 ·· 093

　　第一节　现代工程设备管理的现状和发展趋势 ············· 093

　　第二节　井下作业工程设备管理 ································· 096

　　第三节　机电排灌工程设备的管理 ······························ 099

　　第四节　海外管道工程设备管理 ································· 102

　　第五节　工程设备招标采购管理 ································· 106

　　第六节　工程机械设备现场管理 ································· 111

　　第七节　工程项目租赁设备管理 ································· 114

　　第八节　战备工程设备备件管理 ································· 117

　　第九节　工程项目中的设备成本管理 ··························· 120

　　第十节　工程机械设备辅助监控管理 ··························· 123

　　第十一节　机电设备安装工程造价的控制与管理 ········· 126

第六章 工程技术在设备管理中的应用 … 129

第一节 工业工程技术在设备管理与维修中的应用 … 129
第二节 建筑设备工程施工技术及管理 … 132
第三节 机电设备安装工程技术管理 … 134
第四节 水利工程机械设备的安全技术管理 … 136
第五节 电网工程设备的技术改造与大修管理 … 141
第六节 建筑工程中机电设备安装工程施工中技术与质量管理 … 144
第七节 煤化工机械设备安装工程中的质量控制和技术管理 … 147
第八节 医学工程技术人员在影像设备管理中的工作 … 149
第九节 设备工程保障的技术层次管理 … 151

结束语 … 154

第一章 工程技术的基本概念

第一节 工程技术的可靠性分析

现阶段经济技术发展迅速，电力行业不断进步，人们的生活水平也在提高，对电力的需求也在发生着变化。为了更好地满足人们对电力的要求，电力行业增加了电力系统的配网建设。配网建设可以有效地保证电能的安全与使用，还可以提升供电质量。国家和相关部门加强了对配网的建设，从而保障电网的顺利使用。现阶段经济技术发展迅速，电力行业不断进步，人们的生活水平也在提高，对电力的需求也在发生着变化。为了更好地满足人们对电力的要求，电力行业增加了电力系统的配网建设。配网建设可以有效地保证电能的安全与使用，还可以提升供电质量。国家和相关部门加强了对配网的建设，从而保障电网的顺利使用。

配网电力工程技术已经成为城市发展的重要指标。而配网电力工程又会受到很多因素的影响，比如：技术人员的专业技术水平、不可抗力、工程管理制度的中的漏洞，这些都会直接影响到工程的施工。因此国家加强配网工程的研究与分析和相关技术人员的对影响因素的研究，技术改革可以使配网电力工程更好更快的发展。

一、当前配网系统中存在的问题

（一）网络结构不合理

其一，配电线路方面有5点缺陷：

（1）电网线路的不合理的布局，导致近电远供，迂回供电等。

（2）不合理的电网规划，电源点距离负荷中心太远，导致电能输送过程太长。

（3）配电线长期使用过程中，不可避免地会产生破损、污秽、老化，导致线路不够绝缘，阻抗，泄露等情况也频繁发生。

（4）电线导线截面过大，过小导致线路长期运行状态不佳。

（5）线路的耗损情况居高不下，和影响电网流动的无功功率不无关系。其二，需要改进的还有配电设备：①配电变压器与负荷中心之间的路程太远；②着重利用低耗能的配电电压器；③配电电压器的容量要与负荷相匹配。

（二）综合停电主要内容的分析

整个电力系统在使用的时候，难免会发生系统中软件或硬件的问题出现，如果操作人员工作中存在失误会漏洞，就会使问题处理不及时，造成系统问题的处理时间很长。对整个电力系统的自动化系统控制中起到主要作用的是主战机房，它也是工作的中心。在实际的工作中就要设立一个完善的系统管理制度，对操作人员进行科学的管理，根据程序中的存在的一些问题进行研究处理，对电力系统中存在的问题进行维护与处理。根据我国的具体情况出现断电会有两种情况：操作人员对停电的情况要及时地上报和各班组之间的变动。操作人员根据停电情况的进行申报进行变动，可以考虑在一天之内进行一起作业。也可以安排一个调度室对具体的停电情况向相关的工种进行提醒。对各个部门之间的工作需要可以及时的进行调整。

二、提高配网电力工程技术可靠性的策略

（一）提高工作人员的综合素质

供电企业在实际的工作过程中，想要实现电力工程技术可靠性的提升，就需要相关的基层工作人员具有良好的工作素质，而工作人员的自身素质高低与供电服务质量的高低具有非常直接的关系，两者是成正比发展的。所以，城市配网建设规划相关工作人员在实际的工作过程中就需要不断地学习，对相关专业电力工程技术进行学习，实现自身综合素质的提高。同时，在进行培训过程中，还需要进行培训目标及培训计划的制定，保证参加培训的人员能够按照自身的特点进行补充学习，尽可能实现对整体工作人员综合素质的提高。

（二）对配网电力工程的供电模式进行优化

现代社会发展迅速，配电网的线路非常多见，特别是大的城市中各个建筑中线路想蜘蛛网一样繁杂，这些配电网线路为人们的生活和工作提供很大的帮助。由于线路的复杂与繁多就会收到很多因素的影响，特别是一些外在因素的影响，会对整个配线网的安全造成严重的威胁，其原因是一些不合理的因素引起的，所以要对配线网的整个工程进行合理的优化。优化措施：①将配网电力工程进行分段，分好段之后再对每条线路进行多个电源节点的设立，节点的设立有利于发生问题的时候只对故障的线路进行维修，而不会干扰到其他线路的正常工作，从而提高整个电力工程的安全运行；②完善配网电力工程的同时还要对配网电力工程的检查、探究、维护等进行优化，有利于及时的发现问题，并对问题进行专业的解决；③要对配网线路进行积极的管理，针对临时出现的一些问题进行有效的解决，减少对整个工程的安全与稳定造成影响。

（三）保证配网工程网络构架合理性，定期开展检查养护工作

通常在配网工程具体施工建设之前，相关工作人员首先要做的就是对配电网络展开科学合理规划分配，充分参考借鉴不同施工场所实际地理环境和用户地区情况，便于满足不

同用户实际需求,最大限度提升电力覆盖率和安全可靠性等指标。同时工作人员在进行变电站规划时,还应充分考虑到供电率这一因素,结合变电站所特有的转供功能来有效提升供电安全可靠性。除此之外,在10kV配网工程建设施工完成后,工作人员还应在最短时间范围内制定完善健全配电网养护实施方案,基于施工场所周围环境特点和配网工程施工实际情况,选择最合理带电检测设备来展开配网工程的质量检测工作,准确判断其是否存在故障隐患,一旦发现便要立即采取预防性治理措施,进而最大限度降低故障可能带来损失。

在经济技术发展快速的当前社会,关于电力的要求越来越高,越来越复杂,所以面对强大的需求就要求我们建立一个完善的配套系统。目前我国的配网电力系统安全性能还不完善,对电力企业整个未来发展的影响因素还有很多,根据我国目前情况的缺陷和限时的问题,通过合理的规划找到解决的办法,有效帮助公民的正常生活和工作。并针对这一情况不断的优化我国配网电力工程的实用性。文章主要针对配网电力工程的实际情况,做出有效的改进措施,并不断提高专业的技术人员的综合素质,对整个配网电力的技术水平的发展也起到很好的促进作用,从而推动整个国家的全面发展。

第二节 工程技术的美

工程技术是与美分不开的,工程技术的结构美表现在它具有的力学的稳定性和它与技术使用环境的和谐性。工程技术的美具有时代性,这表现在它具有现代技术的精确、光滑、无暇、光亮等方面,同时也包含在它具有技术的最优经济化方面。

在我国传统艺术界有一句老话,叫"艺中有技,艺不同技",这句话指出了艺术与技术的密切关系。技术美作为美学的一个重要内容,它在现代工业产品设计中表现得相当明显。在现代的技术产品中,有许多手工业制造无法比拟的优越造型和功能,特别是他在结构上、时代性上表现得尤为明显和优异。

一、工程技术的结构美

看过新加坡双螺旋桥的旅客,都会被它独特的审美意蕴所折服。这座桥要体现的意义是"生命与延续,更新与成长",她采用的是现代建筑材料,用不透钢管来表达桥梁上拉力部分的DNA双螺旋曲线的结构,两条曲线相互缠绕,在桥上部分形成长达近300米的支撑结构,他的美学之处不仅在于由它的有机生物体结构而形成的审美,同时还因为这种结构相对于传统建造大桥节省了4/5的钢材,这样就显得这座桥十分的轻盈、飘逸。这一特征就是现代工业技术上的结构美。

结构美首先包括在现代工艺设计产品中的是稳定美。稳定美在现代产品中的体现和现代物理学的力学在实际生活中的应用是分不开的。所有的工业产品的设计,特别是在与人们日常生活密切相关的产品中,都必须给人以一种力学的稳定感。如桥梁、房屋、汽车、灯具等等,这些产品常常是重力的作用沿着它的重心方向作为主轴,并且与此相垂直的水平面为基础构成的。当然,也有一些著名例外的,如新加坡双螺旋桥,它看似并没有一个稳定的重心,但实质上,它的重心确实是通过一个复杂的美学对称,给人以一种重心稳定感,它是牛顿力学的一种复杂的表现形式。对产品结构稳定性的要求,说明产品设计应该严格遵循自然法则,它要求对材料的加工设计只有通过自然规律,才能体现人们的审美感觉。

其次,结构美还包括技术与使用自然环境或人活动环境之间的和谐性。对于现代许多工程师们来说,在设计一个工程时,最为头疼的常常不是设计作品本身所存在的难度,而是在设计作品时,必须要考虑到它坐落的那个环境是否和谐。例如北京天安门广场在修复过程中,对于金水桥的处理就是对环境以及人文因素的综合考虑的结果,桥的周围开阔又规整,华丽而不失典雅,既考虑到天安门城楼,又与天安门广场和谐过渡,而通过对桥栏的精美雕刻,形似条条玉带,把周围的环境,从静中带出动的内涵,并与华表与石狮构成了一个主体的动态画面,既与民族的文明象征有关,又与广场的实用性相一致。

当然,和谐性在人们日常使用的技术产品中,主要表现为它与人们的身体结构、人们的审美需求的和谐性。现代许多的工业产品设计,都考虑到了人体对生活场所的特殊要求。由于在现代技术变革下,机器运转速度的加快,制造产品的精确度的提高,要在短时间内处理大量信息,这些都使得人的生理结构和心理结构无法承担,这就产生了一个问题,即怎样才能使设计的工业品的结构特点同操作机器的人相协调一致的问题,所以它在设计时就必须要考虑产品的生理学结构。例如产品的形状与身体结构,产品的方位与生理结构等,就像一个小小的电脑鼠标就必须认真研究手的形状和作用力的工作方式。

二、工程技术的时代美

现在的工程技术所设计出来的许多产品,它有着许多新的时代感话语,而这些话语是和技术以及其中的现代科学相关的。我们把它分为以下几个内涵。首先是精确、适当、无瑕疵的美。和许多手工工艺品不同,现代工业产品表现出来的是优美的数学公式,特别是在今天的数值控制加工制造中,许多工业产品是对数学方程的直接反映,也唯有用这种数学的公式才能制造出这样的没有间断的光滑的工业产品。我们知道,在手工制造的产品中,他特别强调对手工制作技术的要求,同时还要求手工人艺术自身具有很高的修养才行。但在机器的工业设计制造中,产品不能表现出人们的制造兴趣,它是千篇一律的,如果工厂把制造工人的爱好留在机器制造的产品中,则这些都是产品的缺点。所以说,用自动化机器生产出来的产品,是高度的对人使用的简单性和适用性,它在任何人使用中都没有太大的差异性,因为它在制造过程中,就反映了现代技术的一个特点,精确的美,平等的无感情的美,它代表着一种新的审美趋向——平滑、稳定、干净、光亮。

其次,工业产品的经济最优化之美。在现代技术制造中,对产品不仅在于质量上的追求,而且还在于它对经济最优化的考虑。在上述我们论述的新加 DNA 双螺旋大桥中,对产品成本的节省也是一个重要方面。这是现代技术制造中的一个新的审美形式。一个美的设计,就是要把工业制造出来的产品性能发挥到极致状态。例如在普通餐馆里的酒杯,他不再以特殊的图案设计进行制作,它仅把酒杯的上部分拉得大一些,这样既干净又能实用。也就是说,在现代技术制造中,经济利益必须和技术设计融为一体,技术的设计因素中必须考虑到经济因素这一权重。或者说,现代技术设计不论在它的色彩,形状和它象征的内容方面,都必须考虑到它的经济意义。

第三节 电子信息工程技术

本节首先对电子信息工程技术进行了简单概述,然后介绍了电子信息工程技术的发展现状,最后对电子信息工程技术的发展应用途径展开了详尽的探讨,以期能够进一步完善我国的电子信息工程产业和技术,进而推动电子信息工程技术的全面发展。

电子信息工程成为一项现代化技术,是由承载着大量的网络信息技术助推而成。在当代社会,电子信息发展的给公众的生活提供便捷,同时也提高了城市生活的节奏,它是在广泛的生产领域和生活环境中,逐步的从传统粗放型部分开始向着专业化集约化的方向发展模式的快速转变。

一、电子信息工程技术的发展历程和现状分析

在快速发展的 21 世纪,电子信息工程技术展现出它非凡的渗透力,同时它也是影响范围非常广泛的一项技术。任何行业的发展都是离不开电子信息工程技术的助推,并对生活的影响也是越来越大的。那么到底什么才是电子信息工程技术的主干技术?简单来说,电子信息工程技术的主干技术就是现代化的电子技术。它主要是包括信息技术和网络通信技术两个大方面。而它的控制主体也就是计算机和集成电路了,在要处理和控制各类复杂烦琐电子信息通常采用自动化的方式,而这就是属于较为先进的技术。我国开始引用电子信息工程技术之初,对于电子信息工程技术的研究,当时是一个电子设备与信息系统的设计、研发以及集成的阶段。而这个阶段可以说是电子信息工程技术在发展过程中一个非常关键的步骤。而后我国的信息技术二三十间年得到了非常大的发展,促使在这期间电子信息工程技术也得到了全方、系统化的发展。在电子信息工程技术最初发展时期是,主要部分是包括计算机的集成电路,计算机的图像传送和计算机的声音和电话信息的传输等等功能。但是在当前阶段的电子信息工程技术是在原本有的技术种类的基础之上,又不断地更新发展,从而衍生出了互联网的数据传,信息的数据传输,电子信号的传输(主要是图像声音)等等一系列的功能传输。而这恰恰就体现出了电子信息工程技术的发展态势,是呈

现使用的移动化、设计的集成化和高智能化以及产品的小型化等特征。现如今智能手机的被普及使用，人们也在2G的使用到3G和4G使用上不断地更新换代，这是由于技术不断地更新，也都是集中反映了该发展趋势。

二、电子信息工程技术的发展应用以及它的重要性

现代社会简单直白的来说其实就是一个信息化的社会。电子信息工程技术在当代社会和生活中被广泛地运用，它已经慢慢逐步地融入和渗透到了社会和生活的方方面面。社会信息的多样性能够有现在这么大的提升，主要还是跟随着电子信息工程技术的发展的脚步。人们在接收和处理多样复杂的社会信息的过程中，电子信息工程技术在各个领域广泛的运用提高了产业和工厂操作和工作的实效性。电子信息工程技术能够帮助人们在应对和处理社会各种各样复杂烦琐的信息时可以更加的积极和主动，而且还能够处理和应对的非常恰当和成功。同样人们在应对和处理各种各样复杂烦琐的信息的过程中，满满的开始朝向着智能化、简便化方向去发展，而这是无疑的是促进社会的发展。还有就是具有综合化和复杂化等特点的电子信息工程技术现已触及的范围区域是更加的广泛，而且涵盖和渗透更多不同层面的更多内容。在20世纪80年代电子信息工程技术刚刚进入中国之时，这几年发展起来的电子信息工程技术，譬如：在当前政府服务平台的电子化，不断更新地电子数控技术以及当前盛行的电子商务运作等等，而就对于这些电子信息工程技术来说，他们的分支技术目前是还是没有出现的。但电子信息工程技术在经过这二三十年的高速大发展，电子信息工程技术它的运用规模在不断地逐步的扩大化，电子信息工程技术所覆盖和触及的行业和领域也在不断地增多增广。许多行业领域发展的基础都是电子信息工程技术进行铺垫的。在进入中国的经历这短短的二三十年间的风雨洗礼，电子信息工程技术就已经取得长足发展，并在不断地在发展，不仅仅其自身具有时代发展所必需的独特的特性质外，电子信息工程技术能够的在传统各个行业领域得到的妥善和完备的结合，也是促就电子信息工程技术能够取得如此大发展成效的根本所在。例如，在我国的传统领域中金融行业领域，医疗卫生行业领域、工厂产业制造行业领域等等都能够得以体现。电子信息工程技术得在取得到很高很长远的运用操作使用之前，它的发展速度经历是一个非常缓慢，而又艰难的阶层；电子信息工程技术在慢慢逐步的进步发展盛行的同时，它的运用的好处和益处也慢慢地在被各个行业领域所关注和使用。这些状况非常集中地体现在领域的发展之中，如金融行；由于电子信息工程技术被各个行业领域广泛的操作和运行，突破了传统的，旧的商业经营发展模式的僵化，打破了传统旧的商业发展经营区域和范围的限制。而更值得来说一说，讨论讨论的是对传统制造业发展的巨大冲击的作用了。在当代信技术大发展和使用泛滥的时代背景之下，在整个世界的经济发展的方向也迫使传统制造业必须从自身寻找原因，必须在创新上做出很大很高的努力来不断地提高自身的竞争力和影响力，才能够在这个时代获得生存。同时在一定程度上，它也缩短了我国制造业同世界先进水平制造之间的发展差距。我国经济能取得如此大的发展，电子信息工程技术的作用功不可没。

三、重视信息技术产业的发展，不断提高信息技术的使用效率

我国的电子信息工程建设的过程中，政府也起到很大的推动作用。政府在对现代化技术使用过程中，给那些具有先进技术的产业进行扶植，新型发展起来的行业进行保护。而在面对那些拥有高新技术的行业和产业，对于这些行业和产业的发展，政府一定要做些什么，应该恰当程度去平衡在发展支持电子信息工程技术发展方面的一些经济收入和支出，还有更高新的技术帮持。与此同时，进行数字化生产活动的控制时，使用电子信息工程现代化技术，就能够非常清晰而又精确地去实施操作了。

四、大力扶植新兴产业，实现技术创新

我国行业发展过程中，电子信息产业是属于新兴崛起的产业。就拿最初旧的电子信息工程设计的历程来分析，它的实践操作和运用的步骤中还是要有电子化集成的电路来帮助，从而展示其中反映的信息和更高标准的自动化。

第四节　工程技术管理与进度控制

中国经济繁荣的有效驱动力是行业的发展，特别是工程行业的发展。工程技术管理主要是指通过一定的技术手段对某些项目进行管理，使项目达到预期效果。本节首先分析了市政工程的技术管理，然后对工程进度控制进行了分析，希望能为工程技术人员提供一些帮助和支持。

一、市政工程的技术管理

（一）把控好施工技术

在市政工程施工中，要掌握基坑围护结构、防水、混凝土浇筑等技术要点。工程从施工开始就应做好以下几点：①围护桩喷锚混凝土基面平整度必须达到设计要求，基面上尖锐物必须清除干净，阴角采用砂浆处理圆顺、阳角做成圆弧，阴阳角处加设防水板附加层，防水基面及阴阳角处理完后，方可进行 HDPE 防水板铺设；②防水板之间的搭接宽度、密封性必须达到设计要求，施工中必须加强对防水板的保护；防水板搭接与喷涂防水涂料的宽度必须满足设计要求；③防水板铺设时，必须保持一定的松弛度，以便混凝土浇筑后，防水板与基面密贴，避免混凝土浇筑后挤压破坏防水板；④混凝土施工缝处，老混凝土面必须做好凿毛处理；⑤浇筑混凝土前，必须撕掉防水板上的隔离膜，确保防水板与混凝土之间的黏结力。混凝土施工时严格控制混凝土的分层厚度，浇筑完成后及时做好养护。

（二）关注技术发展趋势

随着科学技术的飞速发展，市政工程中出现了一些新技术。承插型盘扣式钢管支架就是其中之一，与传统支架相比，盘扣式支架性能更稳定，架体更安全，搭设效率更高，损耗更小；同样的搭设体积，盘扣式支架用钢量更少，节约了运输成本。在城市密集区内，为了以最小的场地完成大断面地下结构施工，我们常常会使用管幕工法，港珠澳大桥拱北隧道就成功运用了一种新型管幕工法——曲线管幕冻结法。该工程使用进口顶管设备顶进预制管节，控制好顶管顶力，保持地面沉降不超过允许值，并及时做好注浆；管幕形成后，再对管幕周围的软土层实施分段、分区冻结，将顶管间的土体变为冻土，和顶管一起形成密闭的帷幕为隧道开挖提供条件；在开挖阶段，防止冻土弱化，进行局部加强冻结；工后跟踪注浆，有效控制融沉。装配式建筑是用预制的构件在工地装配而成的建筑，是一种新型建造方式，它应用在一些市政工程中，对实现节能减排、提高生产效率、保证工程质量都具有重要作用。

二、工程进度控制分析

（一）进度控制理论

进度控制是对目标的控制。施工期包括施工期至完工期。通过比较实际进度和计划进度，找出影响施工进度的因素，及时采取纠正和调整措施，控制施工期，并用整个过程控制来控制进度。采用整个施工周期的概念，控制整个施工过程，在施工过程中分解施工工期，确保施工期达到目标，并根据目标控制施工工期。对于施工阶段在施工阶段的影响下，必须及时做出积极响应，确保过程的全面控制和监督。进度控制是一项全面的任务。建设单位应当设立技术负责人，施工单位和监理单位在各阶段和各项目进度控制基础工作中，对施工单位的进度进行审核和批准，确保项目的实际进度与项目进展相一致。进度控制主要包括动态控制原理，系统原理，闭环原理，信息原理，弹性原理和网络规划原理。动态控制的原则，即进度控制，是一个随着项目进展而不断调整的动态管理过程。当实际项目进度偏离项目进度时，有必要分析偏差的原因，并采取措施调整计划，使实际进度和进度在新节点上保持一致。该系统的工作原理是对项目建设计划和资源采购计划等一系列方案进行系统总结，形成项目进度计划的总体方案。无论进度控制对象还是项目进度控制对象都是一个完整的系统，都采用系统的方法来解决项目进度控制问题。闭环原则是定期管理项目的实际进度，并实现节点的实际进度。信息原理，项目进度控制，项目经理信息管理。为了达到进度控制的目标，必须对每个子项目和每个阶段进行信息整合和预测。灵活性原则是项目进度管理的灵活性。根据统计经验，对各种因素进行了评价，明确了实现目标的风险，为进度计划留出了空间。网络计划的技术原则是优化，管理和控制项目的进展。

第一章　工程技术的基本概念

（二）进度影响因素

影响因素可分为三类：施工单位因素，监理因素和施工单位因素。由于施工单位的经济利益，工期更为紧迫。为了追求工程进度，很多建设单位都在追求工程建设进度，往往导致工程进度的按时完成。施工单位对施工方案的合理性和可行性认识不足，特别是影响施工期的因素，难以达到工程完工的最后期限。监理因素主要体现在对施工周期认识不足、工程进度不够重视、工程质量不协调等方面。根据现场调查，不少监管单位采取被动管理措施，不能充分发挥监督单位的监督作用。目前，一些监理单位采用现代化的管理手段，不能动态管理工程工期，不能提供合理的咨询和服务计划。施工单位的主要因素是缺乏工程技术人员，缺乏相关的项目管理人员，项目工期管控不足。

（三）进度保障措施

1. 确保人、材、机等的合理安排

工程技术人员应根据工程规模、工期目标和工程技术等因素合理安排；作业人员的工种和人数应根据工程实际结合施工定额合理安排。材料、仪器和部件应事先准备并进行质量检查。根据项目的实际进度，及时准备采购计划并提前下订单。所有类型的机械设备应及时维护和保养，以确保正确操作和安全使用。随着科学技术的发展，新技术的引进也是必要的，为保障进度，应采用科学合理的工程技术方案。同时，施工单位应加强技术管理和工程过程控制，并做好工程变更索赔管理，工程变更对工程建设的经济性、质量及施工进度都有较大影响。

2. 确保安全施工

施工现场首先应保证安全。安全生产是工程项目正常进展的奠基石，是企业的一种隐形效益。在安全工程科学研究中，有一条"海恩法则"：每一起严重事故的背后，必然有29次轻微事故和300起未遂先兆，以及1000起事故隐患。要消除一起严重事故，必须提前防控1000起事故隐患。为确保工程顺利进展，施工企业首先必须保证安全资金投入；其次，专职安全生产管理人员从源头治理隐患，有效防范安全事故；最后，企业领导重视，带动全员切实落实一岗双责制，将安全措施全面落到实处。

（四）更新知识

在当今工程建设行业飞速发展的今天，作为一个项目管理人员，有必要在施工管理过程中不断更新和调整相关的技术知识。随着时代的发展，我们始终注重使用新型复合建筑材料，改进施工方法，减少现场内容的协调，节约施工时间，实现进度目标。新型复合材料的使用和新建筑的开发，不仅可以减轻工人的劳动强度，节省劳动力成本，还可以大大降低施工现场的复杂程度，减少项目的环境因素。工程建设标准化，产品系列化，部分产品分解，缩短工期。简而言之，项目控制的进步需要掌握四个要素：资本、人员、材料和

机械。工程技术管理和进度控制是项目开发的关键。在具体工程实践中，我们不断吸收新知识，才能提高项目管理质量。

本节首先通过控制施工技术，注重技术发展趋势，阐述了施工项目技术管理的重要性。四个方面（进度控制理论、进度影响因素、进度保障措施、更新知识）对工程进度控制进行了分析。一般来说，无论项目的哪个部分在施工中，员工都应该充分了解施工过程中的技术管理工作，并提供保证。一方面，我们要避免浪费建筑材料，另一方面，我们要注意避免返工。从而为项目的顺利完成奠定了重要的基础。最后，希望通过本节的研究，对未来的专家学者研究相关话题有一定的启发和借鉴意义。

第五节　现代测绘工程技术及其发展趋势

随着我国科学技术的不断发展，人们的生活方式以及思维模式产生了较大的变化，在推动国民经济发展的过程之中，现代测绘工程技术发挥着关键的作用以及价值。与其他的金融环境相比，现代绘测工程技术所涉及的内容和环境相对较为复杂，要想真正地实现测绘工程的进一步成长与发展，我国必须要以科技技术作为重要的支撑，从目前来看，测绘技术将呈现着智能化以及数字化的发展趋势，因此，本节站在宏观发展的角度对这一领域进行进一步的分析与研究。

一、当前测绘工程技术发展的现状

作为一种相对较为古老的技术，测绘工作在实践运作的过程之中对推动建筑工程的发展做出了巨大的贡献，同时随着我国科学技术水平的不断提升，测绘工程的内部运作模式以及手段开始实现了较大的变化。其中自动化、数字化和智能化将成为测绘公司重要发展趋势，各种智能化技术的应用开始积极的突破传统测绘工作所存在的各类不足，工作效率实现了有效的提升。结合目前测绘工程技术发展的现实条件以及未来的发展趋势分析可以看出，大部分的计算机技术与测绘工程技术实现的紧密的联系，其中全球定位系统在实践操作的过程之中有着越来越广泛的运用。不可否认，现代高新技术的应用对提高测绘工程技术的现代化水平意义重大，实际的适用范围也有了一定的增加，不管是互联网技术，计算机技术还是卫星技术都能够为现代测绘工程技术水平的提升提供更多的技术支撑及依据。

二、现代测绘工程技术

（一）全球卫星定位技术

在现代测绘工程技术之中，全球卫星定位技术应用的尤为广泛，该技术能够对社会工作进行进一步的分析并提供相应的帮助，该定位技术的有效应用能够摆脱实际距离测量所存在的各类不足，采取角度以及准确度测量等不同的形式，保证整体结果的精确度和高效性。另外，与传统的定位技术相比，全球卫星定位技术的精确度更高，同时还能够进行快速的响应，管理部门可以结合相应的操作要求进行进一步的分析。

（二）地理信息技术

地理信息技术主要以信息数据库的建立为切入点以及基础，对于现代测绘工程技术来说，在实践应用的过程之中可以结合工程测绘的实际情况，通过不同影响环境的深入分析来了解工程设计的具体要求与相关的设计标准。其中地理信息技术必须要以数据的收集和快速合理的组建为切入点，通过这种形式来更好的保障工程设计水平的提升，为其他的工作提供更多的依据，积极的降低工作人员的工作难度和复杂度。

（三）遥感技术

除了全球定位技术与地理信息技术之外，遥感技术在现代测绘工程技术之中也有着一席之地，该技术能够实现较大范围之内的同步测绘，同时相信相对比较高，能够通过数据的有效对比以及进行的分析来更好的保障最终结果的准确度以及高效率性。另外在工程测绘之中，遥感技术的快速响应能力比较强，因此实际的应用范围比较广。其中遥感技术的高分辨率也备受社会各界的广泛关注，因此在落实实际测绘工作的过程之中，相关的操作工作人员必须要结合工程图纸以及不同比例与测绘的实施情况，保障图纸设计的合理性和精确度。

三、现代测绘工程技术的发展趋势

现在测绘工程技术在我国国民经济发展以及建设的过程之中发挥着关键的作用和价值，要想真正地实现不同技术的优化利用以及配置，保障我国测绘工程领域的进一步发展，相关的设计工作者、技术工作人员必须要立足于我国目前测绘工程技术应用的实时情况，通过对未来发展技术的进一步分析来实现各个工程技术控制环节之间的紧密联系，保障每一个技术都能发挥应有的作用和价值。

（1）建立完善的城市与工程控制网。现代测绘技术在目前实现了快速的发展，同时在推动城镇化进程的过程之中占据较高的地位，城市与工程控制网络之间的联系越来越紧密，如果将工程控制网络与城市化进程相结合，采取科学合理的手段积极的建立完善的控制机制，那么就能够有效的突破传统地理测绘技术所存在的各类不足，更好的实现电力资源的优化配置以及利用，保证我国现代测绘工程技术能够朝着更加智能化、多元化、数字化和自动化的方向发展，满足城市在发展以及应用过程中的实践需求。

（2）全球定位系统。全球定位系统是现代测绘工程技术之中的重要组成部分，对提高现代测绘工程技术水平以及质量意义重大，在对该技术进行应用和开发的过程之中，需要将不同的广域分差技术融入其中，通过对不同阶阶级相关功能的进一步分析以及改进，来更好地实现更现代化技术水平的进一步提升。其次，相关的销售工作人员还需要立足于全球地理信息之中的实时监控以及即时定位要求，尽量避免传统信息测绘所存在的各类不足，保障信息数据的准确性以及精准度，除此之外，全球定位系统以及其他新技术的应用还能够结合现代测绘工程运作的现实条件选择针对性的操作技术以及手段。

（3）工程测量的准确性待提升。如果站在微观的角度进行分析，那么可以看出，现代社会工程技术朝着越来越准确的方向发展，实际的数据结果越来越符合该技术发展的实质要求，这一点为推动我国房地产建设工程的进一步发展做出了巨大的贡献。在对三位一体以及其他的社会手段应用、分析时能够准确地了解相关的数据资料，对大型的建筑进行科学合理的设计、施工，更好地促进建筑施工水平的提升。

第二章 工程技术的应用研究

第一节 环境工程技术的应用

经济的快速发展在带动城市化建设步伐加快的同时，也给环境带来了前所未有的挑战，废水污染、灯光污染、空气污染等，无时无刻不对人们的身体造成损伤。人们也越来越关注环境工程技术在治理城市污染方面的应用，越来越多的学者投入到环境工程技术的研发中，近几年膜分离技术的逐渐成熟，引起专业学者和业内人士的注意。作为一项历经半个世纪研究和发展，近几年才出现并引起广泛关注的新型分离技术，膜分离技术在生物工程、饮用水处理、食品医疗、石油化工等领域都得到广泛的应用，在环境工程的自然环境保护方面也有非常重要的作用。通过分析膜分离技术，包括说明膜分离技术的概念以及与环境保护之间的关系，阐述膜分离技术在环境工程中的应用，并分析了膜分离技术未来的发展前景。

经济的迅速发展不仅要求国内生产总值（GDP）的增长，还要求重视环境保护技术研发，加之我国目前大力提倡的"美丽中国"理念，强调把生态文明建设放在突出地位，所以人人都应该树立保护环境的意识。除了维持生态平衡和美化环境，保护环境还包括了节约资源的内容，一部分人认为，我国地大物博、资源丰富，所以不需要节约，可是随着"命运共同体"的提出和经济、政治全球化趋势的发展，发现资源是有限的，如果不好好珍惜，毁灭的将是整个人类的未来。鉴于目前这种资源紧张和环境保护的大环境，专家学者和业内人士构思可以从含有可利用物质的污染物中提出可利用物质，经过长期的研究和发明提出采用膜分离技术分离混合物的方法。膜分离技术在处理居民生活废水以及净化工业污水方面有着十分突出的表现，不同于传统的分离技术需要使用助剂帮助分离的特点，膜分离技术极大地节约了成本，解决了助剂二次污染问题，因为具有安全性、高效性、经济性等特点，膜分离技术能够在更广的范围内发挥作用。

一、膜分离技术概论

（一）膜分离技术原理及流程

膜分离技术本质上是一个物理过程，在分离过程中不会发生化学物质相互反映的情况，降低对环境的污染。大约在20世纪初期出现，经过半个多世纪的研究和推动，于20世纪60年代后期在各个领域都得到了广泛的应用，并迅速崛起成为一门高效的新分离技术。膜分离技术使用的分离材料是一种具有选择渗透功能的膜，根据当前膜分离技术在行业中的应用情况，大多数分离程序使用的都是无机膜，无机膜具有抗高温、耐酸碱、耐腐蚀等优良性能，在环境工程领域中应用的项目更多，特别是像超滤膜技术中使用的有机膜甚至能去除饮用水中的细菌、藻类、原生动物等等，而像金属膜和陶瓷膜等无机膜，由于材质和技术水平的限制，主要应用于微滤和超滤分离过程。

以传统分离技术处理印染污水为例，使用反相破乳剂THgA-5药剂，稀释药剂10%，然后将$(2000\sim3000)\times10^{-6}$药剂加注到被处理污水中并进行搅拌，随后污水样品会产生黑色絮状，经过停留后下沉。在这个过程中要加入反相破乳剂THgA-5药剂以加快沉淀，然后才能将沉淀物和上层混合水分离，再进行下一步分离程序。不同于传统的分离技术，在使用膜分离技术的过程中，推动混合物透过膜进行分离的动力主要来自于两个方面，一是气压等外界物理力量，二是化学位差，根据膜对混合物中各物质渗透能力差异，对组分或多组分液体或气体进行分离、浓缩、提纯精制。

由于膜分离技术具有污染小、成本低、操作简单、分离效果好等特点，因此在人们生活的各个方面都起着十分明显的作用，特别是在食品医疗、生物工程、环境保护、石油化工、节约能源、污水处理等与人们生活息息相关的领域，产生巨大经济效益的同时也带来了推动可持续发展的社会效益，膜分离技术已经成为当前业界最热的分离手段之一。

（二）膜分离技术与环境保护之间的关系

膜分离技术在环境保护方面起着非常重要的作用。膜分离技术在环境保护方面的作用主要体现在两个方面。

第一，节约资源。目前膜分离技术在环境工程领域主要应用在废水和废气的处理上，城市废水和工业废水是人们生活中随处可见的污染方式，同时也是饮用水浪费的主要渠道，随意排放废水还会造成污染河流、地下水的问题，长此以往污水中的重金属会被鱼类吸收和沉淀，被人类食用会引起一系列的健康问题，另外污水是以一种液态形式存在，具有流动性、渗透性等特点，一旦处理不及时或不完全，那么污水涉及的范围将十分广泛。

针对使用膜分离技术分离气体方面，以分离挥发性有机污染物（VOCs）为例，VOCs是一种来源广泛具有较高经济价值的气体，同时它对人的健康和生活生产安全有很大的危害，因此也成为目前治理大气污染中需要重点控制的一类气体，这种气体不仅不能肆意地排放到空气当中，还要对其进行富集处理，这时候膜分离技术就具有明显的优势。在小于等于0.1MPa的渗透压力下，使用硅橡胶膜材质的聚辛基甲基硅氧烷，甲苯和乙酸乙酯的去除量能达到90%，整个过程中VOCs的去除率会随着渗透压的增大而增大，随着剩余VOCs含量的减少而减少。膜分离技术在处理废气方面具有重要的作用，大大降低了废气对环境造成的污染，加强了空气质量。

第二，避免二次污染。由于膜分离技术属于一个物理过程，整个过程中不会仅仅利用压力或者化学位数的推动力，使气体或液体通过分离膜。与传统分离技术不同的是，膜分离技术不需要助剂帮助或加速反应，不添加新的化学反应试剂也就意味着，在混合物内部不产生其他化学反应，也就不会产生其他副产物。这个过程既节约了成本，又避免了副产物的产生，减少了进一步分离的环节，产品不会受到污染。

二、膜分离技术在环境工程中的应用

（一）微滤分离技术

微滤分离技术是目前业内普及度最高的一种膜分离技术。与普通分离过滤的方法相似，微滤分离技术的分离原理采用筛网过滤的方法，主要分离混合物中直径为 0.1~10μm 的胶状体、细菌和颗粒，这些颗粒分子相对于混合物中其他物质来说比较大，难以通过膜孔小的分离膜。由于微滤分离技术具有经济性、适应性强、占地面积小等特点，所以普遍运用在对饮用水处理程序中。

使用微滤分离技术处理饮用水的过程更经济。这种经济性主要表现在微滤分离技术相对于传统饮用水分离技术，减少外界能源推动的消耗。微滤分离技术可分为全量过滤与死端过滤两种分离方式，特别是死端过滤这种分离方式具有低能源损耗和高效率的特征。

使用微滤分离技术适应水环境能力强。膜分离技术使用的膜属于有机膜的一种，具有耐酸碱、抗腐蚀等特性。而且微滤分离技术还可以对污水进行预先处理，从而降低污水的悬浮物的数量和浑浊程度，以保证预处理过的污水符合国家进水处理的标准和要求。

微滤分离技术设备占地面积小。不同于以往使用二沉池及澄清过滤的方法处理污水，微滤分离技术即使在污水混合多样复杂的情况下，也能够对混合物进行不间断的处理工作。这个过程可以在同一个容器内反应，分离膜可以反复使用，所以微滤分离技术设备所需占地面积较小。

虽然微滤分离技术具有非常多的优点和长处，但是这种优势也存在着潜在问题和不足。受膜孔数量的限制，随着过滤时间的增加，分离膜上层的滤饼层富集得越来越厚，许多大分子颗粒物堵住小分子通过的渠道，最终会影响溶液的透过率。所以在使用微滤分离技术时，要注意对滤饼定期进行清洁，以此保证小分子的通过率，目前学者、研究员以及业内人士正在积极研发耐用性较强的膜和膜组件，以改善堵塞情况的发生，同时还能节约成本。

（二）超滤膜分离技术的应用

超滤膜分离技术是近几年来发展最迅速的一项环境工程领域，最早主要应用在处理废水废气方面，随着技术的完善，超滤膜分离技术应用范围也扩展到食品工业、药品工业、生物工程等。超滤膜分离技术的膜孔直径通常为 0.05nm 到 1.00nm。利用筛选的原理可以处理混合物中的悬浮物质和固体颗粒物质，与此同时超滤膜分离技术和微滤分离技术使用的有机膜的不足，即使大分子物质和胶体物质已经分离的状态下，也能保证混合物的通过率。值得注意的是超滤膜分离技术的有效实现，需要以耐高温、强抗氧化性的有机膜或膜组件作为基础，只有这样才能够保证超滤膜分离技术的正常通过率。

以城市污水处理为例，城市污水作为重要的水资源形式，近几年在我国已经普遍适用超滤膜分离技术对污水进行处理。通过研究有的学者提出可以将超滤膜分离技术与CASS相结合，两者在一定环境下的结合使用，可以保证出水水质符合国家标准，酸碱度（pH）控制在7.25~7.88，水质污浊污浊程度为0.4，超滤膜分离技术对城市污水的处理更好的节约水资源。

（三）反渗透膜分离技术的应用

反渗透膜分离技术使用的反渗透膜是一种模拟生物半透膜制成的具有一定特性的人工半透膜，当溶液渗透压高于混合物渗透压时，溶液中的某些物质不会再渗透回混合物中，从而将过滤物质与水分离，反渗透膜是反渗透技术的核心构件。反渗透膜的膜孔直径非常小，能让直径为0.00001μm的物质通过，因此能够高效地去除混合物中的溶解盐类、胶体、微生物、有机物等等，同时允许水分子通过。

反渗透膜具有以下几个特征：①即使混合物渗透速度快也能保证高效的脱盐率；②装置性能好，使用寿命长；③外界压力低或化学位素动力不足的情况下也能发挥功能；④耐受性强；⑤耐酸碱性强；⑥反渗透膜原料来源广泛，易加工，成本低。因此，反渗透分离技术系统具有低耗能、水质佳、污染小、操作简单等优点。科学地使用反渗透膜分离技术，能够提升混合物的渗透纯度，从而使反渗透水质能达到国家标准。我国目前将反渗透分离技术应用在海水淡化领域当中，截止到目前已有反渗透海水淡化装置能日产10万t水量，特别是在河北，已经建设有日产水量18000t的"亚海水"脱盐装置，它是国内最大的使用海水淡化膜的反渗透装置。

三、膜分离技术的发展前景分析

经过上述对膜分离技术应用的分析，认识到膜分离技术类型非常多，而且特点不同、效能高，不仅能处理工业废水，还能处理生活用水，以实现节约能源、保护环境的成果。总的来说，膜分离技术的发展前景明朗。膜分离技术未来发展方向将向集成膜分离技术靠拢。集成膜分离技术是膜分离技术的进化，通过将膜技术和其他相关传统工艺相互融合，形成的一种新型的、进化的膜分离技术。将膜分离技术发展为集成膜分离技术能扩大膜分离技术的应用范围。例如：处理造纸业废，目前常用的是利用膜分离技术回收废水中的素磺酸钠，需要使用超滤膜分离技术或者反渗透膜分离技术等，虽然高效快捷，但是与集成膜分离技术相比仍存在一定不足，集成膜分离技术可以有效清除废水当中的一些有毒害物质。

膜分离技术虽然经过长时间的研究和发展，但是目前仍处于实践应用的初级阶段，还需要进一步的发展，需要社会各界提高环境保护的意识，加强对环境工程的重视程度。从目前膜分离技术的发展情况分析，超滤膜技术已经有了初步改善，仍需要行业专家学者的进一步推动发展，大力开展与环境工程紧密相关的其他领域课题研究，进一步发展我国的环境工程研究。

第二节 机电工程技术的应用

在社会经济的带动下，科技水平日益提高，其应用的范围也在不断扩大，并为进一步推动工程领域技术改革发挥推力。微电子技术与计算机作为当前工程机械领域中的主流技术，对于实现机电一体化具有重要的作用。本节阐述了机电工程技术，并对机电工程技术应用作了分析，供读者参考。

一、机电工程技术阐述

纵观当前机械设备的制造与加工情况，发现减轻质量、完善性能与提高机械的精确度是加工及制造机械的核心内容。现阶段，国内大部分的机械产品的基本构架多以钢铁材料为主，为了可以从根本上降低质量，优化产品的整体结构，一般会选取部分非金属合成材料作为机械产品构架的材料；唯有减轻机械本身的质量，才可以实现驱动系统微型化的目标，提高控制的有效性与响应的速度，减少能量的消耗，为深化作业的有效性，提供重要的保障。

在研究传感设备的过程中，可以从其稳定性、灵敏度与精确度3个方面出发，判断与确定其实际的抗干扰能力。为了确保传感设备的效用在实际应用中得到充分的发挥，可以选用光纤电缆传感设备，降低电干扰的影响。而针对外部传感器，可以引用非接触式检测工程技术对其抗干扰能力进行深入的研究及分析。根据相关的调查数据显示，继电一体化技术的发展与信息处理设施的推广及广泛应用之间存在非常紧密的联系。因此，要实现机电一体化的可持续发展，需要不断完善信息处理设施，提高其稳定性，在深化分析的过程中，利用信息处理设施，对机电运行中产生的数据信息进行有效处理。

为了确保处理默数转换设施与输入输出的稳定性，不仅要提高处理速度，还要采取一定的技术手段，有效解决干扰处理信息准确性的问题。电机是驱动结构的一种，被广泛应用与各个行业的发展中。但就当前国内电机的整体运行情况来看，其在深化作业有效性与响应速率方面还存在很多的不足。为解决上述的问题，可以通过完善电机内部编码设备的方式，构建符合电机特点与控制专用的组件，这种组件是当下机电技术研究领域中一种新型的传感设备三位一体的伺服驱动组，通过实践证明，该驱动组在实际应用的过程中，可以有效解决作业有效性与响应速率的问题。

二、机电工程技术应用分析

（一）钢铁行业中的应用

在微电子与电力电子技术迅速发展的环境下，交流传动技术的应用范围也在不断扩大，交流传动技术成为数字化发展中的关键技术之一，对于实现矢量控制目标，具有重要的作用，且也进一步提高了系统的各项功能。开放式控制系统主要是通过交换规程与标准信息为机电一体化的运行提供技术支持，并达成共识，是一种基于标准展开设计的系统，在实际应用的过程中，因具有良好的资源共享性，故可以对不同厂家的产品进行兼容与控制。现阶段，开放式控制系统主要是基于工业通信网络，计算机与各控制设备的集成，提供重要的参考依据，加强控制室控制设备与现场总线仪表之间的联系，进而达到测量与控制一体化的目的。除了上述的开放式控制系统是钢铁行业发展中常应用的一种自动化控制系统，分布式控制系统也是应用较多的一种自动化控制系统，因其具备较高的安全性，且功能更强，对于现代大型机电一体化系统的稳定发展，具有重要的意义。

（二）数控机床的应用

根据相关的数据报告显示，在改革开放后，数控机床与其工程技术结构、控制、功能与操作水平不断提高，主要表现有 4 点：①结构逐渐呈现向模块化、紧凑型、总线式的趋势发展，这也意味着其应用范围在不断扩大，其中多主线与 CPU 的结构应用较多；②在数控机床中，应用比之前存储空间大一倍的存储器，通过对软件模块的优化与设计，完善数控设备的功能，也进一步提高了 CNC 系统的控制功能；③开放性设计的主要目的是满足接口的标准要求，通过对硬件体系结构与功能模块的设计，使数控机床具备层次性与兼容性，进而提高用户的使用效益；④实现多过程与多通道的控制，由一台数控机床操作并独立进行及完成加工工作，是一种控制多台与多种机床的功能体现，将物料搬运、机械手与刀具破损检测的控制都集成到系统中。

综上所述，机电工程技术在实际应用的过程中，会涉及多方面的知识与信息，随着现代技术的应用范围不断扩大，机电工程技术在各行业发展中的重要性在不断提高。在机电一体化技术自动化应用的过程中，不仅要采取有效的措施对其进行分析，还要进一步加深相关人员对该技术的了解与认识，防止在实施该项技术的过程中出现问题。从当前的发展现状来看，机电工程技术除了在钢铁行业与数控机床中得到了应用，在机械制造行业发展中，也得到了充分的应用，为推动机械制造行业的发展，提供技术保障。因此，扩大机电工程技术的应用范围，对于促进我国社会经济的发展，具有关键性的作用。

第三节　土木工程混凝土工程技术的应用

土木工程建设中的关键是混凝土技术，分析了施工前准备、模板的安装，提出控制裂缝的措施，研究了混凝土施工技术工艺的各个环节及其应用，以促进土木工程的持续发展。

一、施工前准备

第一，混凝土主要由石头、砂子、水泥和水构成。在施工前，要选好原材料。在建筑工程中，对这些原材料有着极高的要求，砂子颗粒不能太大，水泥碱浓度不能太高，碎石要求为花岗岩，砂子为含泥量低的中粗砂，砂子太细或含有太多杂质，都会造成混凝土裂缝的产生，从而对建筑物寿命造成影响。水泥的选购也尤为重要，一定要选择正规生产厂家且在保质期内安全性能相对较高的水泥。结合实际施工情况，依据水泥特性及使用方法进行选择，为避免水泥变质情况，要保持存放区域的绝对干燥。第二，在进行第一层混凝土浇筑前，要进行与之强度相适应的水泥砂浆铺设，要保持其厚度的均匀，通常情况下2~3cm为宜。第三，混凝土的浇筑应采用平铺法或台阶法，按厚度、次序、方向、分层进行。第四，混凝土浇筑应先平仓，再振捣，严禁以振捣代替平仓。第五，混凝土浇筑期间，如有溢水，应及时清理，不能在模板上打洞，以防漏浆。

二、模板的安装

要在模板实际施工安装前，将表层黏有的水泥砂浆等杂物彻底清理干净，木板要用清水冲洗干净，保持干爽。要保持木板拼接的严密性，防止漏浆情况的发生，也可采用塑料条或纤维板封堵拼接缝隙。在钢板表层均匀涂刷脱模剂，要杜绝偷工减料及漏刷的情况。在施工前要检查模板是否牢靠，如有变形、模板走动，应在混凝土凝结前修整好。

三、控制裂缝的措施

造成混凝土裂缝的因素较多：第一，在设计之初，对混凝土构件本身的收缩特征没有进行考虑，或者对混凝土过高定位，过大灰量也会造成裂痕的产生。第二，由于原材料质量问题引发的裂痕，比如：在搅拌过程中加入的拌和用水及未经检验的外加剂，都会对钢筋产生腐蚀作用，从而导致后期裂痕出现。第三，混凝土在大风和高温天气下，表面会出现严重缺水现象，造成混凝土内部形成较大的负压，当收缩力大于混凝土的强度时，就会出现裂痕。因此，对裂痕的控制是施工单位要解决的重点问题。对于土木工程施工来说，要对环境变化及气候恶劣等各种影响因素充分考虑，以便混凝土的裂缝宽度及结构得到有效控制。

(一)合理配比砂石的含量

对于砂石和水泥含量要进行严格把握,在混凝土中添加膨胀剂、减水剂,不仅可以对水泥用量进行节省,还使得水化热温度得以降低,从而对裂痕的产生进行有效控制。要杜绝混凝土材料配比的任意性操作,必须按照相关的配比要求及技术方式进行混凝土材料的配比。在土木工程正式开始前,对混凝土材料配比验证和实验流程相关技术人员必须进行确认,通通结合多次配比实验数据来最终确定更为合理的配比比例,使配比混凝土可以满足土木工程建筑的基本需求,从施工材料入手,对混凝土工程质量进行有效保障。混凝土的搅拌也有一定的技术要求,要通过均匀搅拌保证各项材料充分融合,从而避免离析现象。

(二)降低混凝土浇筑后的初始温度

降低初始温度的有效方法是在搅拌时加入冷水,达到混凝土浇筑初始温度降低的目的。或者冷却砂石并将初始凝固时间延长,降低浇筑速度达到热量加速挥发的目的。施工时,要密切关注天气及温度的变化,以便积极选择有效的防护措施。春秋两季温度无明显变化,对比冬夏来说施工更加适宜,应尽量将施工时间选在春季或秋季,尽量避免夏季或冬季。如果要在夏季施工,必须控制混凝土入模温度,尽可能避免混凝土直接暴晒于太阳下,同时,还要加强控温措施。

(三)严格控制混凝土的拆模时间

较大温差极易使混凝土产生裂缝,因此要对混凝土拆模时间进行相对严格地把控。当内外温度差距较大时,可以采取减小内外温差等措施。

(四)做好混凝土的维护保养

提高混凝土强度,减少混凝土收缩,降低后期出现裂缝的可能性。后期的维护与保养千万不可忽略。

(五)适当加入配筋

钢筋在混凝土中起到抗裂的作用,能有效保证混凝土工程质量,将间距与直径较小的配筋添加在混凝土中,可有效提高混凝土抗裂效果。通常,将适当数量的配筋加入中间区域,以提高混凝土抗裂作用。

四、做好混凝土的搅拌工作

首先,要将搅拌材料的强度和数量等作为选择依据,对搅拌机进行灵活选择,选择合适的搅拌机可以达到节省搅拌时间、提升搅拌质量的效果。其次,投放材料的多少对混凝土工程也有至关重要的影响,如果投放太多导致搅拌不均匀,就会对工程进度造成影响。最后,合理制定投料顺序,投料量及搅拌时间决定着混凝土的质量。次序投放的科学与否会直接影响混凝土的质量和搅拌机的生产效率,可以利用一次投料法将石头与水泥沙子等材料依次加入，根据搅拌机的不同，决定加水的顺序和用量。二次投料法，先放水泥，再放入砂子和水进行搅拌，再放入石子，或者先放入水泥和水，搅拌后再加入砂子和石子。搅拌时间要控制在合适范围内，以最大限度发挥材料作用。

五、混凝土的配置

施工中，为了获得优质的混凝土，可将水泥、矿物掺和料、砂子、水、石头等原料按照一定的配合比进行充分搅拌。在进行搅拌前，对砂、石的含水量进行综合测定，确保达到最佳水平。适合的比例是整个工程后期顺利进行的保障。

六、混凝土的运输

混凝土从搅拌机里出料后，应及时运输到施工地点，降低混凝土离析、漏浆和严重泌水的情况，避免在运输途中出现混凝土干燥和产生坍落度的状况。在夏季施工时，应在运输设备上添加必要的遮阳设施，尽量使运输时间和转运次数减少。尽量选择平坦道路进行运输，避免中途颠簸而发生分层离析，尽可能降低转载次数，保持其连贯性。

七、混凝土的浇筑

在浇筑操作前，检查机器的运转情况，对布料机位置也要进行检查，对模板的尺寸、位置进行检查，以确保施工安全。对模板内杂物及钢筋上残留的油污，要在混凝土浇筑开始前清理干净，同时不要忽略模板上的缝隙和漏洞，要将它们全部堵严，以免发生漏浆现象。混凝土浇筑时间间隔过长会造成冷缝的出现，要对混凝土二次浇筑时间进行合理控制，通常控制在1.5h内，交接处用振捣棒不间断搅动。一次连续浇灌高度不宜超过0.5m，待混凝土沉积、收缩完成后再进行第二次混凝土浇灌。按照相关规范对新老混凝土施工缝进行处理，对混凝土振捣时间进行严格把控。为保证混凝土质量，严禁对钢筋和模板进行震动操作。

八、混凝土的养护

混凝土养护的根本目的是使水泥充分水化并加速混凝土硬化，防止混凝土在风吹日晒、高温寒冷等条件下出现裂缝问题。混凝土养护效果对于土木工程中混凝土施工质量会产生直接影响，因此要对混凝土浇水和养护给予足够重视。混凝土的强度受浇水量的直接控制，因此，混凝土的浇筑、养护一定要科学合理。另外，混凝土的质量也受到模板质量的制约，在土木工程施工中，要采用拼缝密实、干净平整的模板。

要对混凝土施工过程中的每项操作、每个工作环节进行有效把控，要不断改进优化施工技术，从而提高土木工程混凝土应用的质量，并最终促进土木工程的持续发展。

第四节　多网融合的通信工程技术应用

信息技术近些年来的飞速发展使得网络成为人类日常生活中重要组成部分，使用者通过网络可实现的功能也正在逐渐增加。这些功能的实现也促进了网络通信技术的革新，能够同时具备管理科学性、高效性、安全性的网络管理模式也成了相关人员研究的重点。多网融合技术作为一种新型通信技术，能够有效实现上述功能。本节通过对这一技术概念进行介绍及对其在通信工程技术中的应用进行总结，分析其应用于通信工程技术中的具体优势。

互联网通信技术发展至今，虽历经的时间较短，但由于人类对网络需求的不断提升，其技术已在这短暂的时间内经历了多次的技术革新，为人类的生产生活提供更多的便利。现阶段通信技术正朝着智能化、模块化、安全化的趋势发展，要想实现这一目的，对相关技术进行再次优化就显得尤为重要。多网融合技术就是一种在这一技术优化过程中产生的新型通信工程技术。

一、多网融合技术简介

多网融合技术指的是将网络内各个子系统通过建立特殊的通道实现有效的信息互通及有效整合。为了使这种整合效果达到最佳，需要对整个网络内所有系统的信息进行直接或间接的连接，并通过对 IP 协议的处理完成对网络信息的处理。

二、多网融合在通信工程中的具体应用

多网融合技术在通信工程领域中的应用不仅限于对通信网络内各模块数据信息的有效整合，还体现在通过将具有信息融合功能的网络端口接入网络从而实现对网络中传输的其他类别信息的有效整合。对于实现前者的功能，多网融合技术主要采取的方法是通过在网络每个模块内部嵌入融合技术子系统的形式实现，在网络使用者发出数据融合需求后，这一子系统即启动从而完成数据融合功能。

对于实现后者的功能，使用者则可以直接通过接入网络的信息融合接口实现，使用者只需通过这一通道发出相应信号，网络在接收到这一信息后即可实现对网络内信息的整合。多网融合技术能否在一个通信网络中实现其功能，关键就在于这一网络是否具有符合要求的 IP 信息处理能力，一旦这一能力不符合要求，网络就无法对更多的数据或信息获得，也就无法实现数据或信息的完全整合。因此，在应用多网融合技术前，网络设计人员应对网络 IP 处理能力进行有效评估，力求使多网融合技术实现其自身功能。

三、多网融合应用于通信工程技术的优势

（一）网络管理简便，安全性强

传统的网络管理技术通常需要网络管理人员对每个网络进行逐一管理，这种管理方法不仅耗费时间较长，还会因控制方法较为单一造成网络内安全水平存在一定问题。应用多网融合技术后，管理人员只需通过对多网融合系统进行管理即可实现对所有网络的统一管理，这种方法不仅减轻了工作人员的工作负担，同时由于多网融合技术的自身优势使得管理人员能快速发现网络内存在的安全隐患，并进行有效处理，使网络安全水平长期符合要求。此外，通过单一系统对整个网络进行管理也符合当前快速发展的智能化系统需求，目前很多智能化管理系统网络建设已经对这一技术进行了较为广泛的应用，并获得了较好的实际使用效果。

（二）附加功能添加简便

相较于传统网络通信技术，多网融合技术的优势不仅体现在实现了网络智能化管理上，其更重要的意义是网络能够更为简便的实现附加功能。传统的网络通信技术中，当需要在其内部进行服务功能的添加时，往往需要单独组建通信系统，并与原有系统进行复杂的关联，这一过程需要耗费大量的人力物力，因而许多网络通信机构就将这一部分成本通过向使用者收取高昂费用来转化，这种现象也阻碍了很多网络增值服务的发展。而应用多网融合技术后，网络开发人员在网络内添加新功能仅需在多网融合系统中添加相应模块即可实现这一功能的全网普及，其开发成本极低，接入网络的难度也大大降低。目前很多网络通信部门通过这一技术已经实现了通信网络功能的多元化，为使用者提供各类个性化服务的同时，免去收取高额费用的过程，从而有效提高了通信网络在人类日常生活中的地位。

（三）降低网络建设成本

多网融合技术的另一个优势则体现在其能够有效降低网络通信部门网络建设经济成本。在传统的通信技术中，在网络内部实现新的功能往往需要对原有通信设备进行更换，同时重新铺设通信线路，工程量较大，因而也耗费了大量经济成本。而多网融合技术在设备安装方面的革新使得网络内部加装新功能是不需要额外更换通信设备，仅需对控制系统的参数进行适当调整即可完成功能的增加。同时，多网融合技术还能有小较少通信线路铺设距离及铺设难度，通常仅需在新功能的子系统与网络控制系统间铺设通信线路即可完成功能的添加，免去了原有长距离铺设线路的施工过程。目前，很多网络运营部门已经在日常工作中广泛使用这一技术，并从中获得可观的经济效益。

第五节　绿色化学工程技术的应用

化学工业虽然对我国经济发展起到了重要的推动作用，但同时其也对环境构成了严重的威胁，为此，将绿色化学工程技术应用到化学工业之中，可以为降低化学工业的污染提供了有利的条件。

绿色化学工程技术的应用，为提升我国工业生产的质量、降低环境污染的程度、提升资源的利用效率起着重要的作用，同时此技术在使用过程中，还可以为我国生态环境的发展奠定基础，从而为人们营造一个健康、舒适的生活环境。

一、绿色化学工程技术的内容和作用

（一）材料选择

原材料的合理选择对提升绿色化工技术的质量和优化工作流程有着重要的作用。因此，在进行材料的选购上，尽可能使用无毒害的材质，减少有害物质在生产过程中的排放，还可以适当的增加可再生资源作为生产的材料，这样能够确保环境的质量，减少污染。

（二）提升化学反应的效率

石油生产过程中经常会出现烃类选择性氧化反应，该反应不仅造成大量热能的释放，同时也使得产品缺乏相应的稳定性。因此为了提升化学反应的安全性、简便性，在进行生产过程中，大多都会选择一些反应效果好、价格便宜的试剂，一方面提升反应的效率，便于物质进行提纯，另一方面还可以提升资源的利用效率，减少成本的消耗，达到保护环境的效果。

（三）催化剂的选择

催化剂的使用对提升化学反应的效果，加快反应的速度有着重要的作用。在化学反应中，适当地添加相应催化剂，可以有效地降低生产过程的时间，达到节约成本的目的。另外，催化剂的使用还可以降低生产过程中有害物质的排放。所以，在绿色化学技术使用中，一定要结合具体情况，合理的选择催化剂的种类，提升生产的质量，降低化学反应对环境的污染。现阶段，我国在化工生产中使用最为广泛的催化剂类型有烷基化固相催化剂和分子筛催化剂两种。

二、绿色化学工程技术的具体应用

绿色化学工程技术的应用在很大程度上提升了化学工业的技能效果，为加强能源的使用率做出了巨大的贡献。其应用内容主要有以下几点。

（一）清洁生产技术

此技术的应用对于降低污染的效果，减少废弃物的排放有着重要的意义，同时该技术也被应用在众多的生产过程中，例如，城市垃圾的无害处理、利用生活垃圾进行沼气的制造、利用风能、太阳能进行发电等等，此外该技术还可提高我国资源的合理利用，为生态环境的持续发展做出贡献。清洁生产技术涵盖的内容比较广泛，在使用中涉及的相应技术主要可以划分为：

（1）生物工程技术。该技术包括了细胞工程、酶工程以及基因工程等内容；

（2）辐射加工技术。此技术主要是在常温常压下实现高温高压的反应效果；

（3）绿色催化技术，主要是利用催化剂提升生产的效率，减少污染，比如说分子筛催化剂、相转移催化剂等；

（4）超临界流体技术，在物体反映过程中生成相应的水合二氧化碳，从而降低有害物质的排放。

（二）生物技术

生物技术主要包括了四个部分，分别是细胞技术、基因技术、微生物技术以及酶技术。其在化工生产中的具体应用范围为：化学仿生学、生物化工这两方面。可以说生物技术贯穿了绿色化学工程和工艺的整个流程，是合成化学品的重要措施。

传统的有机化合物燃料主要来源于动植物，随着技术的发展才逐渐地被石油和煤炭所取代。而在绿色化学工程和工艺中，最常使用的催化剂就是酶，主要分为自然酶和工业酶两种，其优势在于使用过程中不会产生任何的污染物质，并且能够合理地调控温度的变化，提升产品的性能。比如制备丙烯酰胺，使用的是丙烯腈，换用酶催化后，能耗大幅度降低，反应完全且无副加产物。

（三）绿色产品的生产

结合上述的说明可以看出，绿色化学技术实现了原料的循环使用，将生产中产生的废物进行二次利用，在保证生产质量的同时，提升了原料的利用效率。加之，通过该技术的应用还可以有效地降低生产中废弃物的排放，降低其对环境的污染。

传统化工生产中，很依赖煤、汽油、柴油这样的能源，而这些能源使用后会产生大量的有毒有害的气体，排放到空气中会对大气造成严重污染。近年来提倡的绿色产品生产过程，首先会在能源的选择上把关，企业会更多地尝试使用太阳能、风能、潮汐能这样的天然可再生能源，这些能源不会对环境造成任何污染。即便很多企业在这些资源利用技术上还不是十分成熟，但随着社会的发展，企业也会更多地采用新汽油、低硫油等无污染的燃料，来加强环境保护的力度，实现绿色生产的目标，为我国社会的建设和发展奠定基础。

三、推动绿色化学工程技术发展的措施

（一）全球范围内提升绿色化学工程技术的应用

近几年，绿色化学工程技术已经在向着多学科的方向发展，为了提高应用的范围以及技术的质量，就需要结合各个领域发展及使用的情况进行全方位的分析，从而制定合理的提升方案，以推动绿色化学进一步发展。

（二）加强机械设备的研发力度

机械设备为新技术的研发和使用提供了重要的硬件支持，但是就目前的情况来看，我国绿色化学工程技术中机械设备相对比较老旧、落后，仍需工作人员加强对其的研发力度，推动绿色化学向世界发展方向靠拢。只有不断地提升机械设备的研究力度，才可以为技术的使用提供强有力的支持，并为该技术的进一步发展提供帮助。

（三）提升人才的培养和教育

技术的合理应用于专业人才是紧密联系在一起的，因此，要想提升绿色化学工程技术的应用范围，就需要对工作人员进行专业的技能培训和教育工作，丰富员工自身的技术知识，增强相关学科的知识储备，为绿色化学工程技术的应用输送更多的专业人才。

（四）加强推广力度，不断开拓新的应用市场

虽然绿色化学工程技术已经在我国广泛的推广中，但如果相关人员想要促进该技术的进一步发展，还需要持续的研究新工艺、新产品，不断地开拓新的应用市场，为产品的开发和生产提供充足的动力支持，进而促进技术水平的成熟和进步。

总而言之，使用绿色化学工程技术可以有效地降低化工生产中有毒、有害物质的产生，提升资源的循环利用效率，从而为我国工业的发展、生态环境的建设提供有力的支撑。

第六节　数字国土工程技术的应用

在科技的带动下，尤其是信息技术的升级与进步，数字地球与数字中国备受关注，数字国土工程技术深受重视。数字国土资源与信息技术积极融合，发挥信息技术的优势，强化国土资源管理水平与效率的提升。本节全面阐述了数字国土工程技术的社会价值，剖析了发展中存在的不足，有针对性地提出了应对策略，以期更好发挥技术优势，强化对国土资源管理的重大支撑作用。

随着信息技术水平的不断提升，国土资源管理也与时俱进，发展迅速。对于国土资源自身而言，极具长期性与复杂性，工程技术支持不可或缺，需要强化从设计到施工全过程

管理，以数字化工程技术为核心，强化数字国土价值的发挥，加快数字中国的发展，在根本上为整个国家以及经济的发展做出更大的贡献。

一、结合行业发展正确认识数字国土工程技术发展现状

立足国土资源管理，将信息技术引入其中，加快信息化与数字化发展，以便为国家决策以及社会信息服务提供更加翔实与可靠的信息支持。在新的发展时期，国土资源管理面临新的标准与要求，同时，国土资源自身涉猎范围较广、影响深远，权威性突出，只有将信息技术融入国土资源现代化管理实践，强化数字化技术的支持作用，才能实现对土地资源的科学规划，为开发利用提供信息支撑，维护土地资源动态平衡。由此可见，数字化技术对新时期国土资源管理的价值与意义有目共睹。

二、深入剖析新时期国土资源管理中面临的问题

（一）传统国土资源管理模式凸显滞后性，制约数字化国土工程技术的推广应用

立足当前国土资源管理现状，虽然数字化管理技术引入其中，但是，尚未得到大范围的推广，传统管理方式仍为主体，在很大程度上限制了大数据的渗透与应用。具体讲，在土地资源管理过程中，虽然进行了大量基础性工作，但是，在经过层层传递之后，信息出现失真现象，完整性不足，可靠性降低，同时，数据更新不及时，资源利用率不高，在根本上制约了数据信息的高效应用。

（二）基础数据规模大，技术与经费投入彰显无力性

对于信息系统建设而言，离不开海量信息的支持。在国土资源方面，积累了海量信息数据，同时，需要对其真实性与价值进行甄别，因此，大量人力物力不可或缺，也就是说，基础数量规模过大给技术与经济投入造成难题。

三、如何有效扩大数字国土工程技术的应用

（一）依托信息技术，构建科学化的土地信息管理系统，促进土地资源的合理开发与应用

对于国土资源的管理，要重视提升规范化水平，强化规划，做好土地资源监测、登记等多方面的工作；应用科学方法进行土地信息系统的建设，强化功能网络覆盖面积的扩大，合理进行土地信息公开化。构建全国土地管理信息网络，强化业务系统化，切实提升利用效率，不断进行优化与完善，在根本上为政府决策提供有力数据支撑，强化数字化在国土资源管理中的价值与作用，实现综合性评估，提升土地资源的合理开发与利用水平，实现土地资源现代化管理模式的推广与应用。

（二）现代数字化国土工程技术的普及强化国土资源动态化管理目标的实现，提升信息的准确性与可靠性

立足国土资源动态管理，核心工作是耕地的动态监测。随着现代化数字国土工程技术水平的提升，卫星遥感以及全球定位系统得到应用，更显较大的现实价值，能够为决策提供有力依据，对保护耕地意义深远。在卫星技术的支持下，国土资源管理获取了更加前沿性的技术支持，发挥影像融合等技术，实现自动化判读，达到对矢量数据的合理使用，加快土地利用数据的更新。另外，发挥基础数据库的作用，提供土地使用现状图，强化观测的准确性与及时性，实现土地信息的高效管理目标。

（三）多角度推动数字国土工程技术实现可持续、长远发展

（1）将数字国土工程技术落到实处。为了切实推行数字化管理，要以数字地球与数字中国为指导方向，加快数字国土工程技术的发展，促使国土资源信息从数据库建设转变到网络基础建设，强化国土信息的标准化与专业化，以便更好服务社会与大众，在根本上发挥数字国土工程技术的优势，更好平衡商业与公益、保密与公开的关系，紧跟时代发展，真正实现数字化管理，切实提升信息资源利用率。

（2）以系统化建设为依托，实现信息标准化与统一化。为了更好落实国土数字化工程技术，要对信息标准进行统一，尤其实现图形与属性数据的统一性。以面向对象技术为基准，积极开发相应数据库与数据模型，以便更好适应分布式数据管理以及面向对象数据定义与管理的要求，达到时态数据组织与多尺度数据表达的目标。另外，要重视日常技术管理工作的开展，强化信息管理的畅通性，保证标准化与一致性，加快技术进步，在根本上推动数字国土的可持续发展。

综上，对于数字化国土而言，其极具系统性与复杂性，需要依托先进的数字化信息技术来实现。数字国土工程工程技术水平的提升离不开科技的推动。基于我国土地资源发展现状，为了确保国土资源的合理开发与利用，要加快系统化管理建设，融合先进技术，构建智能化管理系统。借助数字国土工程技术的应用，国土资源管理实现数字化，能够更好满足于各行各业的需求，为国家决策提供更加可靠的信息支持，对整个国家建设发挥巨大推动作用。

第七节 输变电工程技术的应用

随着科技和经济的持续进步，输变电工程已经逐渐变成目前我们国家十分重视的对象之一。现如今城市发展的速度越来越快，人们对于用电方面的需求也变得越来越高。从而给我国电力输送方面带来了巨大的压力。为了改善这一情况，相关人员利用对原有的工程

技术进行改进和革新，以此确保其满足时代发展的变革，做到与时俱进。本篇文章将阐述输变电工程技术的具体应用，并对于未来发展方面提出一些合理的见解。

从现阶段发展而言，输变电工程技术的种类越来越多，其应用范围也变得越来越广。为了能够充分发挥其原有的作用，应当以当前技术为基础，针对其智能化层面进行改进，进而确保工程建设得到进步。

一、输变电工程的具体应用

（一）张力架线技术的应用

目前来看，张力架线技术基本上能够算是应用率最高的技术形式之一，一方面能够有效解决早期施工中经常出现的断电问题，另一方面还能有效确保工程长时间保持不断地状态。如此一来，不仅能够进一步提高施工速度，而且还能确保人们的正常生活不会受到任何外部因素的影响，以此减少不必要的经济损失。张力架线技术的优势主要体现在三个方面，其一是张力架线法新技术的出现，使其机械化效果得到了有效提高，以此可以有效降低工作人员原本的工作负担，增强架线工作的实际效率，进而减少工程实践。其二是张力架线技术最为常用的便是悬浮架线的方式，以此将电线全部架在空中，防止和地面有任何接触，进而减少了不必要的能量损耗。不仅如此，电晕发生的概率也有所降低，因此整体安全性便得到了大幅度提升。其三是由于采用了分层架线的方式，使得施工的整体难度得到了一定程度的下降。

（二）飞艇挂线技术的应用

通常而言，架线工作主要是在工程的收工阶段开展。因此，所谓飞艇挂线技术形式，主要是在架线公众采用长度为8米，高度为2米的飞艇，通过其内部的动力系统以及遥控系统，从而完成空中架线的工作。其具体操作方式则是飞艇的内部搭载着细绳，工作人员通过遥控器的方式进行指挥，操作其飞向周边的电塔。当飞艇来到电塔之后，电塔的工作人员则需要使用细绳的方式将其捆绑在塔上，以此完成架线的工作。由于"飞艇挂线"的操作全程都是在空中完成，一方面能够有效缩短施工工期，另一方面由于不会和地面中的农作物有所接触，从而起到了环境保护的效果。

（三）冷喷锌技术的应用

现阶段而言，我们国家的输变电工程主要采取的是钢架结构，因此很容易受到季节以及气候方面的影响，从而出现腐蚀的情况。为了能够有效处理这一问题，冷喷锌的技术便就此诞生。这种技术主要是在钢架结构的表面涂抹大量的金属镀金，以此起到防腐蚀的效果。在当前的工程中，冷喷锌技术的应用率非常高，其主要具备三方面优势。其一是由于其通过涂抹金属锌的方式代替了早期的电化学反应，以防有任何氧化的情况出现。其二是早期常用的热喷锌技术通常需要进行酸洗，因此很容易对环境带来较大的负面影响。而在

工程技术与设备管理

应用了冷喷锌技术之后，由于不会有任何多余的废液残留，因此起到了环境保护的效果。其三是相比于热喷锌技术，冷喷锌技术通常都会在温度相对较低的环境中展开工作，因此整体资金成本的投入非常低，并提升了工程的安全性价值。

（四）高压直流技术的应用

高压直流技术本身具有高稳定性以及高容量的特征，因此不仅能够实现远距离输电，而且还对异步联网方面提供了一定的技术贡献。因此从某种角度来看，高压直流技术可以看作是计算机技术和光纤技术在输变电工程中的应用和快速发展。从其特点分析可以得知，高压直流技术通常不需要输送电能和距离共同进行，同时也不需要在两个交流系统之间同时进行。正是由于这方面原因，人们当前主要采用输变电技术完成区域化管理的工作。因此一旦有故障出现的时候，高压直流技术能够迅速找出问题产生的位置以及发生原因。不仅如此，其还能够往往在最短的时间之中启动交流系统，并完成所有控制工作。

（五）基础移位技术的应用

输变电基础移位技术主要是在尽可能不改变建筑建设方式的基础上，以此完成钢架结构的平移的技术形式。一般而言，移位技术主要应用在实际施工的过程之中。由于经常会有地基塌陷、基础坍塌以及旧线改造等方面的问题出现，从而导致整体结构发生了一定程度的移位，因此便需要在地基的周边位置重新进行钢架构的搭设。在应用了基础移位技术之后，无须重新完成安装工作，只需通过千斤顶直接移动和固定即可。这种技术的最大优势便是能够大幅度减少安装工作中造成的经济损失，并确保工程具有足够的质量。

二、输变电工程的未来发展

（一）智能化工程管理系统在输变电工程中的应用

现如今我们国家已经进入了信息化时代，信息技术已经逐步渗透到多个领域之中。基于这一背景，智能化工程管理信息系统便就此诞生，以此促使管理工作更具智能性、系统性以及实时性特点，以此完成统一管理工作。如此一来，施工工作便会更具安全性以及可靠性，从而让使得工程效率大幅度提升，并且还能缩减资金成本的投入。不仅如此们智能化技术还能准确完成数据的计算工作，并且提高管理效率。最为常见的便是工器管理、流程管理、安全管理以及进度管理工作等方面。

（二）智能化工程技术在架线中的应用

在未来，智能化技术将会代表输变电工程的发展方向。目前来看，早期的工程技术管理模式已经显得十分陈旧，基本上已经无法满足当前工程建设以及时代发展的基本要求。为了能够真正做到与时俱进，理应提升工程的智能性、集成性以及软件性。如此一来，整体作业的效率便会随之提升，施工的安全性也将得到应有的保障，促使工程机械变得更具智能化特点。原本只能人工操作的系统全部变成智能化施工系统，所有操作全部由系统自主完成，以此提升工程的整体效率。

（三）智能化技术在后期维修中的应用

对于当前的发展而言，饱和盐密技术可以算是一种全新的智能化技术形式，其主要利用光学传感器对绝缘子中出现的各类污秽现象进行数据采集，及时将其传送到控制中心内部，并由相关工作人员进行数据分析工作。之后，具体污秽区域的分布图便能够得到准确制作，维修人员可以结合图中的信息进行现场维护。通常而言，保和盐密技术主要分为两个部分，分别是数据监测终端以及数据监测中心。因此，其可以算是一种智能化大范围远程分布式严密实施的监测系统。由于应用了智能化技术，整个工程中需要投入的人力、物力以及财力得到了有效节约，并且还能防止有任何误删事故出现。目前来看，此技术已经得到了广大电力企业应用。

综上所述，在近些年来，我们国家的输变电技术已经得到了长足的发展。但是，其仍然有诸多问题存在，因此相关人员理应对其技术发展展开全面分析和研究，以此为基础进行改进和创新，解决技术层面的缺陷。如此一来，我国变电事业将会得到进一步发展。

第八节　高层建筑工程技术的应用

在高层建筑工程的建设过程中，工程施工技术是高层建筑建设的主要环节，也是保证高层建筑满足建设要求的主要手段。但是随着高层建筑的规模和要求不断扩大和提高，高层建筑工程的技术要求也不断提高，为了满足高层建筑工程的技术需求，必须对其技术进行分析。文章分别对高层建筑工程的工程技术、技术发展、以及技术应用进行了分析。

自从我国加入了世界贸易组织之后，我国的经济实力飞速提高，建筑工程的发展也得到了前所未有的进步，其中，高层建筑工程的发展尤为突出，直到如今，国家已经建成了诸多的高层建筑物。但是在高层建筑工程迅速发展的同时，其工程技术的要求也相应地提高了，对施工人员的技术要求也不断增加。提高高层建筑工程的技术不仅仅能使工程顺利地完成，而且对企业也能带来良好的经济效益，保证企业能够可持续发展。由于高层建筑工程拥有体型庞大、工艺复杂、功能多样化等一些特点，所以必须对工程的时间安排、施工规划、施工组织方案进行严格的编制和审核，确保万无一失。本节就高层建筑工程的工程技术、技术发展以及技术应用分别进行了简要的论述，望能保证高层建筑工程的建设合理、有序地进行。

一、高层建筑常见工程技术

（一）高层建筑基础施工技术

高层建筑的基础部分的施工工期约为整个工期的五分之一，施工造价约为整个土建部分造价的25%左右，其高层建筑施工中的难点。高层建筑基础的施工工序主要包括打桩基、降、排水、土方开挖、地基的处理、基坑支护、钢筋绑扎、基础混凝土浇筑等一系列工序，其中，基础地基的埋置深度需要根据建筑物的总高度而决定，一般情况下，基础地基的埋置深度约为高层建筑总高度的1/12，而桩基的深度约为建筑总高度的1/15，但是建筑的总高度不包括桩基的埋深。由于大多数高层建筑物一般建在城市的中心位置，受周围各方面的影响较大，对地基基础的稳定要求相对较高。如果设计不合理或者不严格按照要求施工，很容易造成基坑坍塌安全事故，对人身的安全和经济效益带来损失。所以，施工中必须根据实际情况严格制定专项的基础工程施工方案，并经专家论证后方可实施。

（二）高层建筑混凝土施工技术

高层建筑混凝土施工技术也是主要技术之一，对整个工程的质量要求有着紧密联系。混凝土的抗压强度是决定混凝土质量的关键指标，而决定混凝土抗压强度的主要因素就是水灰比，水灰比越大，则混凝土的抗压强度就会越高。所以，在高层建筑的施工过程中需要对混凝土的水灰比严格控制，从而有效地提高混凝土的强度。其次，在施工过程中，还要尽可能地降低混凝土的离散性，确保混凝土的标准差得到合理控制。

（三）高层建筑结构转换层施工技术

由于高层建筑的上部结构承受的压力较小，而下部结构承受的压力较大，针对这种问题，必须巧妙地利用结构转化层技术合理分配压力。一般情况下，下部的刚度比较大，剪力墙和柱的数量较多，而在上部上部的剪力墙和柱的数量随着高度的增加而相应的减少。采取结构转化技术是通过将上部与下部调换的方式进行布置，上部的空间小，均已剪力墙为主，下部的空间大，均已框架结构为主。施工中需要合理控制转换层的高度，因为转换层的高度决定着高层建筑的抗震能力，如果转换层高度较高，则上、下层之间的内力突变比较大。对于转换层高度较低的建筑，则需要提高混凝土的强度和加大剪力墙的厚度来增加高层结构的抗震能力。

（四）高层建筑后浇带施工技术

如今，大多数的高层建筑物底楼均有裙房，裙房与主楼连接在一起，在施工时也会一同施工，在回填土后保持场地平整，有利于上部结构的施工。针对上部结构与裙房之间的施工顺序，都需要按照要求预留后浇带，无论是高层建筑与裙房之间的联系梁、板或者基础，都需要按照设计图纸要求预留后浇带，后浇带的预留位置应选择在结构受力较小的部位，一般预留在梁、板的反弯处点处，这样能保证结构的整体稳定性和安全性，后浇带需

第二章 工程技术的应用研究

等到主题结构完成之后方可浇筑，采用膨胀混凝土进行浇筑。施工工程中，无论是高层建筑工程的每个阶段都要求严格按照规范要求和设计图纸要求来开展施工，施工的每项技术都需严格要求，从而确保高层建筑的施工顺利进行。

二、高层建筑工程技术发展

（一）外墙施工技术的发展

目前，为了提高高层建筑工程墙体的强度、刚度和稳定性，已经在外墙的施工技术上加大了研究，通过研究也取得了较好成绩。在高层建筑的外墙施工中，大多数采取外墙与结构整体现浇的剪力墙模式，这样不仅仅能有效提高外墙的强度和稳定性，而且对于结构的整体性能又有所提高，对实现工程的效益具有良好的促进作用。

（二）厚板转换施工技术的发展

上文已经提到了高层建筑转换层的技术，这种转换层技术根据建筑物的施工特点、建设目的各不相同，其转换层的高度也各自有所不同。转换层结构一般有三种类型，即板式、梁式、桁架式三种，其中，板式转换结构是目前使用最多的一种形式，特别是在预应力结构研究出来之后，其厚板转换技术的发展提到了飞速的提高，促进不少高层建筑的建设。

（三）新材料施工技术的发展

在高层建筑的迅速发展的同时，也带动了新材料施工技术的发展，材料方面的各项要求也不断提高，建筑材料对工程的整体质量、要求、性能都有最直接的联系。如今，国家已经加大了建筑材料方面的研究，已经研究出了许多新型材料，对高层建筑工程的建设起到了有效的影响。

三、高层建筑工程技术应用

（一）钢结构施工技术的利用

钢结构的主要特点就是自重轻、强度和刚度高、承载力强、抗震效果好等等，比混凝土结构拥有诸多的优点，在高层建筑中被大量利用，特别是高层建筑大力建设的现在，更加得到了有效的利用，已经成为未来高层建筑发展的必然趋势。吊装技术是钢结构中最常见的施工技术，为了保证钢结构的顺利吊装，必须对场地、起吊设备、起吊方法综合考虑。其次，焊接技术和螺栓连接技术是保证钢结构稳定的主要手段。

（二）混凝土施工技术的应用

在高层建筑中，混凝土强度、性能要求也相应地提高了，越来越多的高性能、自密实混凝土被应用于高层建筑中，C80以上的高强度混凝土逐渐被利用。通过高强度的混凝土不仅仅有效了减小了构件的截面尺寸，而且还增大了建筑空间。

（三）钢-混凝土结合技术的应用

钢-混凝土结合的施工技术巧妙地将钢与混凝土的各自优点相结合，两者充分地发挥其特点，主要有钢管混凝土和型钢混凝土两者形式，这种钢与混凝土结合技术的塑性好、耐火性好、整体强度高、耐腐蚀性高、施工简单、节约人工与工期，在高层建筑的建设中逐渐被推广应用，我国已经建成的高层建筑中，已经有许多建筑物采用此技术。

综上所述，文章对高层建筑的常见工程技术、技术发展以及技术应用进行了分析。在建筑行业迅速发展的现在，高层建筑逐渐占据了主导优势，高层建筑的施工技术对高层建筑的建设要求起到了较好的保障措施，高层建筑的技术应用对高层建筑的发展起到了极大的促进作用，推动了建筑行业的迅速发展。在发展中，我们还需不断吸取经验，不断地提高我国高层建筑工程的施工技术，为国家的高层建筑发展做出一份贡献，为国家的可持续发展起到一定的积极作用。

第九节　测绘工程技术的应用

随着目前我国科学技术的不断发展，我国的测绘技术也出现了全新的发展时机。文章主要通过将现代化测绘工程技术目前发展的实际情况进行详细分析，并且介绍了测绘工程技术的全新应用，有效提升了测绘工程技术的未来发展空间。

随着社会经济发展的影响，现代化的测绘工程技术逐步走到了人们的视野中，通过不断完善的科学理论知识和完善的技术知识体系，能够有效促进测绘工程应用的适用范围，并且突破了传统测绘方式的束缚，有效提升了现代化3S技术的使用特征，现代化专业测绘工程技术能够加深人们对于自然环境的了解，有效解决了人类社会的科学开发问题。

一、技术发展的具体情况

（一）GPS技术

全球定位系统（GPS），起源于美国的七十年代，GPS通过科学卫星的监测使用有效促进了军事、交通、测绘等多种行业的发展中。随着全球定位系统的不断完善，有效促进了监测成果的完善、详细度，并且通过系统软件、设备硬件的不断研发，能够有效促进了GPS技术的应用范围。目前GPS系统已经成为测绘工程技术中的重要支撑项目，通过GPS定位系统能够快速将地面的详细测量进行灵活、科学的调整，并且能够全天候进行工作作业，有效提高了测绘工作效率和数据的精准度。

（二）遥感技术

随着卫星和航空事业的不断发展，遥感技术也逐步开发，目前的遥感系统包括卫星和航空遥感两项内容，航空遥感作为遥感技术的专业测绘手段已经被广泛应用到各个行业，卫星遥感主要是测绘研究重大的科研项目，通过遥感资料能够快速建立数字成像地面模型，已经广泛使用在军事领域上，通过遥感技术的专业提升，能有效通过可见光技术感应发展到红外磁波感应，经过单波段发展至多波段，能够有效通过多角度进行空间维度扩大，通过传统遥感低分辨率逐步发展至高分辨率、超清分辨率等等，通过将轨道卫星、航天飞机等传感仪器的快速使用，降低缝隙造成的分辨率差异，全景相机、雷达光谱扫描仪、激光扫描等专业设备的具体使用，能够全方位无死角的进行遥感测绘，覆盖了大气层电磁波段，有效提升测绘成像数据详细度。

（三）GIS 技术

地理信息搜集系统（简称 GIS）是融合了多种学科和技术的综合性产物，至今已有 40 余年的使用历史，GIS 最早源自加拿大和美国学者。通过对土地和交通情况的详细研究，有效对空间地理的实际信息进行科学搜集、加工处理和全面分析的计算机使用技术，GIS 的发展具有了划时代意义，是现代科学测绘及时的重要技术支持。

二、实际生活中的现代测绘技术应用

（一）矿山开采测绘

在矿山开采过程中通过遥感技术将矿山的实际情况进行测绘已经运用了较长时间，并且能够完善的、精准的得到科学信息。通过遥感技术的使用能够有效得到矿山开发中的实际情况、动态信息等详细相关资料，能够有效提升矿区环境的全新发展决策。遥感技术能够快速寻找到矿区和矿源条件的详细数据，并且通过科学的研究有效促进企业对于矿区的地质层研究和矿产层的详细数据分析，有效提高矿山产业的科学开发。通过 GPS 技术将矿山区域的移动数据和水文观测等方式将矿区进行复合型监测，有效提升了矿产资源的计划开采量，通过将现代化测绘技术实际应用到矿山开采中，能够通过科学的信息数据提升矿山开采的科学技术途径，并且通过科学测绘，提升了矿山产业的信息采集、加工处理和数据分析等技术进行自动加管控，从而有效促进矿山企业的健康发展。

（二）水利工程测绘

通过遥感技术的使用能够准确针对江、河、湖海等自然环境进行科学监测；通过对水利工程的储水量科学计算，通过 RS 和 GIS 技术对突发洪水的范围和速度进行快速测算，并且能够精准预防洪涝灾害，提高水利枢纽工程的科学实用作用，通过对水库大坝和桥梁等设施进行精准的测绘，能够有效提供出数字摄影测量技术，通过 GIS 分析技术进行决策工作的使用，快速提供水库大坝的建筑选址、水容量测算、收益年限和范围等多方面内容，为水资源的科学开发提供了理论技术依据。在大中城市的发展中，也可以通过全新的测绘技术进行城市排水设施的科学规划，有效提升了城市排水量，促进了城市经济发展。

(三)农业精准化测绘

在农业测绘中,通过全新的 GPS 专业技术将有效进行农田空间信息的详细采集,并且通过 RS 技术了解农田的生长状况、生长速度和空间需求,最后通过 GIS 技术有效模拟农田的实际使用情况、未来发展情况、农作物的自然生长空间分布量等详细信息,并且通过农田自然环境和周边可利用资源的详细情况进行了详细匹配,有效促进了 3S 技术在农业测绘发展中的应用。通过全新的 3S 测绘技术的使用,能够有效促进人们对于农田土地使用现状、农作物分布情况、农作物的生长周期预估、灾害影响情况等多种具体的使用信息搜集工作提高,并且将有效信息与农作物生产进行认真匹配,并且能够最大限度地促进农业生产的顺利、高效进行,快速提升了自然情况和农业资源的合理分配工作,有效促进了农业产业的健康发展。

将 3S 一体化作为技术指导,并且通过空间信息技术作为管理测绘的技术体系,有效提高了测绘技术的先进性和科学时效性。在社会科学技术日益更新的今天,现代测绘技术也在通过高效化、自动化、一体化等多方面重现展现出来,并且有效提升现代测绘技术的快速发展。

第十节 表面工程技术的应用

根据表面工程在现代工业中的巨大价值阐述了表面工程的意义,对表面工程按学科特点和工艺特征进行了分类。对表面工程在应用现状进行了全面归纳,并根据其应用现状和工业科技发展特点,提出了表面工程未来的发展方向。

表面工程是经表面预处理后,应用物理、化学、机械等技术手段改变固体材料表面成分过组织结构及盈利状况,获得所要求的性能,以提高产品的可靠性或延长其使用寿命的各种技术总称。

一、表面工程技术的意义

工业生产与应用证明,因为材料的疲劳断裂、磨损、腐蚀、氧化、烧损等造成的破坏十分惊人。据报道,每年因腐蚀造成西方主要发达国家的经济损失占其经济总值的 2%~4%,全球因腐蚀导致的金属损耗超过一亿吨。因摩擦磨损造成的材料损失在美国每年高达 200 亿美元;在英国每年超过 5 亿英镑。全球由于腐蚀和磨损造成的失效破坏在各种机电产品失效破坏中约占 70%。而在社会资源和能源日益短缺的今天,为了让工件使用寿命延长,如果使用高级合金材料制成零件和整个设备来达到表面强化和防护的目的,这是不经济的,也是不科学的。

随着科技发展,人们发现,仅仅通过提高材料表面的耐磨耐蚀性,也能大大提高材料的使用寿命，从而就有了表面工程技术的应用和发展。表面工程技术概念的提出与发展应用，对工业科技发展具有了重大的影响和推动意义：

（1）表面工程技术是保证产品质量的基础工艺艺术，满足不同工况服役与装饰外观的要求，显著提高产品的使用寿命、可靠性与市场竞争能力。

（2）表面工程技术是节能、节材和挽回经济损失的有效手段。采用有效的表面防护手段，至少可减少腐蚀损失15%~35%，减少磨损损失33%左右。

（3）表面工程技术在制备新型材料方面具有特殊的优势。通过表面原位合成技术，能在低成本基础上在工件表面制备出性能优良的新型合金材料涂层，很好满足了工业、航空航天工业对高性能零部件表面的需求。

（4）表面工程技术是微电子技术发展的基础技术。以化学气相沉积、物理气相沉积、光刻技术和离子注入为代表的表面薄膜沉积技术和表面微细加工技术是制作大规模集成电路、光导纤维和集成光路、太阳能薄膜电池等元器件的基础。

二、表面工程技术的分类

表面工程技术的分类目前没有统一的标准，其可依据涂层种类、表面功能特性、制备工艺方法及其制备的作用原理等进行不同分类。按学科特点分类，表面工程有：

（1）表面涂镀：即将液态涂料涂覆在材料表面或将镀料原子沉积在材料表面形成涂层或镀层。常见手段有：热喷涂、堆焊、电镀、化学镀、气相沉积和涂装技术。

（2）表面改性：即利用热处理、机械处理、离子处理和化学处理等方法，改变材料表面的成分及性能的技术。常见手段有：热扩渗、转化膜、表面合金化、离子注入和喷丸强化。

（3）薄膜技术：即采用各种方法在工件表面上沉积厚度为100nm至1μm或数微米薄膜的技术。常见手段：气相沉积技术。

按工艺特点来分，表面技术有：

（1）电镀技术：即合金电镀、复合电镀、电刷镀、非晶态电镀和非金属电镀的总称。

（2）涂装：指制备特殊用途、特殊类型的新涂料和涂装工艺。

（3）堆焊：目前比较成熟的有埋弧自动堆焊、振动电弧堆焊、CO_2保护自动堆焊和等离子堆焊。

（4）热喷涂：是采用火焰、电弧、等离子弧进行的喷涂和爆炸喷涂。

（5）热扩渗：是在基体材料表面进行的固体渗、液体渗、气体渗和等离子渗。

（6）化学转化膜：是采用化学氧化、阳极氧化制备表面膜层。

（7）彩色金属：是对工件进行整体着色、吸附着色及电解着色。

（8）气相沉积：一般采用化学气相沉积和物理气相沉积。

（9）三束改性：目前一般采用激光束改性、电子束改性和离子束改性。

三、表面工程技术的应用

20世纪80年代提出表面工程概念以来，表面工程对人们生活和工业生产产生了巨大的影响并显示出强大的生命力。

（1）在保护、优化环境中的应用采用化学气相沉积和溶胶-凝胶等技术制成的催化剂载体，可有效地治理被污染的大气，起到净化大气环境的作用。采用化学气相沉积、阳极氧化和溶胶-凝胶等表面工程技术制备过滤膜，能起到净化水质。采用表面技术制成的吸附剂，可使空气、水、溶液中的有害成分被吸附，起到吸附杂质作用，还可去湿、除臭。表面工程技术还是开发绿色能源的基础技术之一，许多绿色能源装置都应用了气相沉积镀膜和涂覆技术。

（2）在结构材料中的应用表面工程技术在耐腐蚀性和耐磨性方面起着重要作用，同时在强化、装饰等方面也起着重要作用。

采用表面工程技术在结构件表面制备耐腐蚀保护膜或涂层，能显著提高结构件表面化学腐蚀和电化学腐蚀等的能力。利用热喷涂、堆焊、电刷镀和电镀等表面技术，在材料表面形成 Ni 基、Co 基、Fe 基、金属陶瓷等覆层，可有效地提高材料或制件的耐磨性。采用表面工程技术能够有效提高材料表面耐磨耐腐蚀性能之外，通过各种表面强化处理还能提高材料表面除腐蚀和磨损之外的其他抵御环境作用的能力。表面工程技术在结构材料中应用除了上述功能外，在表面装饰功能方面也得到了较好的应用。合理地选择电镀、化学镀、氧化等表面技术，可以获得镜面镀层、全光亮镀层、亚光镀层、缎状镀层，不同色彩的镀层，各种平面、立体花纹镀层、仿贵金属、仿古和仿大理石镀层等。

（3）在功能材料和元器件中的应用功能材料主要指具有优良的物理、化学和生物等功能，以及一些声、电、光、磁等互相转换功能，而被用于非结构目的的高技术材料，常用来制造各种装备中具有独特性能的核心部件。材料的功能特性与其表面成分、组织结构等密切相关。采用表面工程技术能在低成本基础上制备出特殊功能性质的表面涂层材料。

①在电学特性方面的应用。利用电镀、化学镀、气相沉积、离子注入等技术可制备具有电学特性的功能薄膜及其元器件。②在磁学特性方面的应用。通过气相沉积技术和涂装等表面技术能制备出磁记录介质、磁带、磁泡材料、电学屏蔽材料、薄膜磁阻元件等。③在光学特性方面的应用。利用电镀、化学镀、转化膜、涂装、气相沉积等方法，能够获得具有反光、光选择吸收、增透性、光致发光、感光等特性的薄膜材料。④在声学特性方面的应用。利用涂装、气相沉积等表面技术，可以制备掺杂 Mn-Zn 铁氧体复合聚苯胺款频段的吸波涂层、红外隐身涂层、降低雷达波反射系数的纳米复合雷达隐身涂层，声反射和声吸收涂层以及声表面波器件等。⑤在生物学特性方面的应用。将具有一定的生物相容性和物理化学性质的生物医学材料，利用等离子喷涂、气相沉积、等离子注入等方法形成的专用涂层，可在保持基体材料特性的基础上，提高基体表面的生物学性质、耐磨性、耐蚀性和绝缘性等，阻隔基体材料离子向周围组织溶出扩散，起到改善同人体机能的作用。在金

属材料上制备生物陶瓷涂层，能提高材料的生物活性，用作人造关节、人造牙等医学植入体。将磁性涂层涂覆在人体的一定穴位上，有治疗疼痛、高血压等功能。⑥在转换功能方面的应用。采用表面工程技术可获得能光—电，热—电，光—热，力—热，磁—光等转换功能的器件。

（4）在再制造工程中的应用再制造工程是在维修工程和表面工程的基础上发展起来的新兴科学，是以产品全寿命周期论为指导，以实现废旧产品的性能提升为指标，以优质、高效、节能、节材和环保为准则，以先进生产技术和产业优化为手段，来修复、改造废旧产品的一系列技术措施或工程活动的总称。简而言之为是废旧产品高技术修复、改造的产业。其重要特征是，再制造以后的产品质量和性能达到或超过新品，成本只是产品的50%，可节能60%，节材70%，对环境的不良影响显著降低，可有力促进资源节约型、环境友好型社会的建设。

表面工程在再制造工程中的应用，使废旧产品的零部件因被直接用作再制造，毛坯而不用回炉再次熔炼，钢锭到新零件的二次制造时对能源的再次消耗和对环境的再度污染。一方面提高了产品的绿色度，另一方面避免了成为固体垃圾而造成的环境污染。已在民用工业和军事工业中得到广泛应用。

四、表面工程的发展方向

工业科技的发展促进了表面科学和工程的发展，同时，表面科学与工程的发展也必须适应工业科技的发展。现代表面工程要在未来工业中发挥更加巨大作用，必须从以下方面做深入研究。

（1）深化表面科学理论和表面测试技术的研究。从原子角度研究摩擦磨损及润滑机理，研究表面效应，表面改性及表面涂敷在摩擦学在工业中的应用。研究腐蚀过程和腐蚀机理，腐蚀膜形成及失效机理。研究在线监测技术，实时监控进行在线监测，形成相关严密的覆层失效评估体系。

（2）发展复合表面技术。单一的表面技术已经不能适应工业快速发展对产品性能的要求，综合应用复合表面技术，能够解决工业产品产品对特殊技术指标、可靠性、和经济性的要求。

（3）研究开发新型涂层材料。涂层材料是制备优良涂层的物质基础，不断开发优良的耐磨耐腐蚀以及不同环境需求的优质涂层材料是保证表面工程强大生命力的基础，开发在表面工程技术加工过程中自形成新材料的功能涂层能够更加显示出表面工程的优越性。

（4）开发多功能涂层。随着工业的发展，许多行业需要特殊涂层，如防滑涂层、隐身涂层、吸热涂层、隔热涂层、导电涂层、催化涂层等，采用激光、高能电子束、离子束等现代先进表面技术的联合应用，制备特殊结构，特殊要求的功能涂层，具有很好的发展前景。

（5）研究表面工程技术的自动化、智能化生产。目前为止，表面处理在微电子行业和汽车行业自动化程度较高，随着计算机技术的发展，实现表面技术在其他行业的自动化、智能化是施工，是表面工程技术未来的发展基本趋势。

（6）实现表面工程的清洁生产。表面工程基本来说是属于节能环保型工程，但某些技术仍然存在污染问题，比如涂装、电镀热处理等。研究从设计、制造到运行全过程的无污染的、节约型的、再生的表面技术工程，也是表面工程一个基本发展趋势。

第三章 设备管理的概述

第一节 设备管理创新——"效应管理"

如今社会的发展，各行各业的竞争，都离不开创新。企业在建设现代企业制度的过程中，管理的思路更需要创新。文章主要就设备管理创新中的想法进行探讨。

设备管理是一个企业的指挥官管理策略执行官，下面的任务就是如何把这个策略贯彻下去，并取得预期的效果。现代化体现在信息、智能、速度、科技、创新，这些词语现在逐渐渗透到管理领域，设备管理的思路与手段都在发生变革。设备管理创新，要与本企业的生产环境与企业文化相融合，学习先进可行的管理方法，形成独具特色的管理创新模式。本人就管理工作中积累的经验与想法，称之为"设备创新效应管理"方法，介绍如下。

一、开关效应

众所周知开关具备两大功能，启动和关闭。在生活当中我无意间发现开关除了具备的功能外还有一种效应，就是每当我们启动或关闭开关时，手都要触碰到开关的表面，时间长后在开关周围就会产生一种现象，触碰点一尘不染。我联系到设备管理，如果我们将开关效应运用到设备管理工作当中，会产生什么样的效果？

设备管理既要保证高效运行也要达到文明生产，开关效应的运用应该能解决此类问题。把开关效应以一种不同理念转换到设备管理上，最终达到设备机体无油脂、无粉尘。实施执行过程中，管理机构要根据设备安装状态、运行环境、作业条件、人身安全等方面制订相关方案，具体以车间或工艺为实施单位，定人员在开机前、开机后实施"两步擦拭运行"管理，就像我们晚上进出房间关闭开关一样，由操作工完成机体擦拭工作，逐渐形成"两步擦拭运行"管理，并定期评选"亮晶晶先锋机台"与"亮晶晶先锋个人"荣誉称号。这样的一种理念转变，能大大激励员工的责任心，在整个管理过程中也能以一名主人翁的角色完成工作，从我让你干、检查你，转变为一种激励自愿去干并形成习惯。

二、门效应

入必由之、出必由之。"门"指建筑物的出入口或安装在出入口能开关的装置。门是分割有限空间的一种实体，它可以连接和关闭两个或多个空间的出入口，作用是通风、采光、防雨、防尘、隔离、进出等等。在生活当中我们所使用或常见的出入时只能一人一人出入的门时，两人同行不是互挤就是擦碰，在这种现象中反射出另一种效应"先主后次"。

设备管理中的按错、技改、检修、培训等都体现出"先主后次"。具体根据设备投入时间、工艺优化、技术创新、人员变动、运行状况、检修时间、检修级别、检修台数、预检修、初始故障等因素进行"先主后次"计划检修。这样一种有主次顺序划分的检修能有效减少设备故障发生率和检修后短期出现问题等不良故障，造成停机影响生产。

三、季节效应

"春有百花秋有月，夏有凉风冬有雪"，描述了春夏秋冬四季，主要体现在季节湿度、温度的变化。反射到设备管理工作中会发现，季节性变化对设备的影响非常大，包括润滑油的稀释度、管道保温、环境防潮、电气防雷、金属防静电、空气干燥、热胀冷缩、冷胀热缩、机械防汛、电器防火、线路防风、管线防冻等等。

在具体实施的过程中，我们可以将主要设备（工作时间长、负荷大）、特殊性场所设备（通风不好、地基低凹、露天）、精密设备（振动、压力、温度、润滑）、附属（主管道、架线），进行分类管理。比如：主要设备破碎机，润滑要求高，随季节的变化要及时选择合适的润滑油，润滑油的稀释度直接影响着设备润滑部件保养和运行；特殊性场所设备空压机，由于机械运行是将电能转换成热能，加以夏季温度偏高及现场通风不好，导致热能不能及时排除，造成设备运行温度高、易报警、能耗大等不良因素；精密设备化验仪器（电子天平），影响电子天平的因素主要是振动、湿度和温度，在季节温差大的时候就要正确保养与使用；附属管道，生产工艺离不开交织纵横的各种管道，管道内的介质除水外还有稀释的泥浆，只有保障管道内介质流畅的疏通，才能避免堵塞现象的发生。冬季，在北方室外温度最低达到零下 –20℃左右以后，对运行中的管道必有影响，只有经过改造后管道才不受冬季温度影响。防冻措施是在管道表面包裹一层防冻棉，或改造经费允许下可将管道表面先部署电热丝后再包裹防冻绝缘棉。在这里随季节性的变化而强调或增加的管理工作可称"季节管理"。

四、木马效应

主要体现在设备故障的发生、避免设备带病作业、加强设备故障初始化的判定。木马也称"木马病毒"，木马一般存在两个可执行程序：控制端和被控制端，它的危害直接影响网络安全运行。每次遇到设备故障时，从我内心分析就是"木马病毒"。电脑"木马病毒"是有人刻意在一端控制另一端，设备故障"木马病毒"是电气一端控制机械的另一端（也可能存在多种因素），我的分析就此开始。要想避免设备故障的发生就首先要了解设备，从它的机外到机内和"习性"进行常规摸索，包括工艺、原理、结构、部署、能耗、上下衔接等。初始化故障即设备"木马病毒"表现在设备运行的声音、温度、振动是否存在异常，如果将上述常规摸索的内容打造为设备的"安全网"，就能查杀"病毒"，保障设备正常运行。理念的转变就是将电脑"木马病毒"转变为设备"木马病毒""360杀毒软件"转变为设备"安全网"。具体实施还要依据企业本身情况合理制订相关管理方案。

五、血管效应

主要体现在设备润滑保养。定期的更换润滑油是保障设备内部表面避免摩擦接触，对于密封不好、作业环境差的设备要及时清理保养，密封检修，避免润滑给设备造成损坏。人体好比设备，血管好比润滑油路，人体血管的功能是将血液贯穿整个人体供血，保障脉络跳动清晰，肢体动作灵敏；反之，人体血管堵塞或变窄都会影响供血情况，导致病体出现。血管堵塞或变窄的主要因素之一是跟年龄的增长有关，所以，我们在年轻的阶段就要注意个人保养，包括饮食等。设备润滑油路的作用是为润滑油提供部位润滑而架起的通道，保障设备内部润滑，传动性可靠；反之，设备润滑油路堵塞或跑漏也会影响供油效果，导致故障出现。润滑油路堵塞或跑漏主要是跟日常使用管理有关。所以，我们在日常的润滑管理中就要注意设备保养，包括制订标准等。

六、金点子效应

主要是指管理创新不断。企业要大力征集有关管理、技术等方面的建议。金点子就是出谋划策，出主意，有了金点子才能有不断地创新。

总结效应管理是我总结了在设备运行管理工作8年中积累的经验和实践首次提出的想法，在这里请同行业管理人员共同分享我的方法与提出宝贵意见，让我们设备管理创新永不止步。

第二节 盾构设备管理

在科学技术不断发展和完善下，工程施工技术和工艺不断推陈出新，盾构设备作为一种隧道全断面施工专用设备，从引进国外产品到自行研制，国产设备逐渐成为地铁施工的中坚力量，可以打造更加前沿的盾构设备。但是，在具体施工中，盾构设备的应用环境较为复杂，发生了不同程度上的变化，加强盾构设备管理成为一项重要内容，直接关乎隧道工程施工安全和质量。本节就盾构设备管理进行分析，立足于实际情况，寻求合理对策予以实践以求进一步完善盾构设备管理工作。

在城市现代化建设进程不断推进背景下，越来越多先进技术和工艺涌现，隧道施工盾构设备数量不断增长，大大推动了城市轨道交通事业建设和发展。在隧道工程施工中，通过盾构设备的应用，有助于提升工程施工效率和施工安全，降低安全事故的概率。但尽管如此，当前的地铁隧道施工中安全事故屡见不鲜，包括地面塌陷、喷涌、变形和涌砂等问

工程技术与设备管理

题,在一定程度上提升盾构设备管理成效,在隧道施工中更大的作用。加强盾构设备管理,是隧道施工发展的必然选择,可以为后续相关工作提供支持。

一、盾构设备管理概述

盾构设备管理是通过一些技术、经济和组织手段,实现对设备全寿命周期的科学管理,将其贯穿于盾构设备规划设计、生产制造、购置、安装、使用、维护和改造等全过程。盾构是地铁隧道施工中的和新设备,对于生产活动影响较大,任何一个环节出现问题都可能影响到生产活动的整体布局。通过对盾构设备的合理管理和控制,有助于降低故障概率和成本,更大程度上发挥设备原有价值。在企业盾构设备管理中,坚持效益为中心,推动设备综合管理,有助于设计制造和使用有机整合,不断优化和提升设备性能,经济高效使用,以便于从中获得更大的经济效益。

二、盾构设备管理现状

盾构设备是一种专用的、一次性的机械设备,面对城市现代化建设不断增长的需求,工程项目数量和规模进一步扩大,受到经济效益驱动影响下,在施工单位主导下,盾构设备逐渐成为一种重复使用的大型设备,对于隧道工程施工质量和安全影响较大。但是,由于种种客观因素影响,各方未能给予充足的关注和重视,主要表现在以下几个方面。

(一)监管体系不健全

在隧道工程施工中,由于工程自身特性,盾构设备在其中占据重要地位,直接影响到施工质量和安全,但具体使用需要获得全方位的监管和控制。为了有效降低设备故障概率,保护人们生命财产安全,推动社会经济增长的同时,制定了相关制度和政策,以便于对盾构设备生产、经营、使用和检测等工作做出相关规定。需要注意的是,盾构设备的使用需要明确监管工作的必要性,明确企业行为的具体监管主体。尤其是盾构设备数量和规模的进一步扩大,其中伴随着一系列的风险隐患,需要相关部门予以高度关注和重视。需要注意的是,盾构操作人员并非是普通员工,需要严格遵循规章制度和技术标准开展工作,在把握精准的测量结果基础上,合理配置机械设备,选择合理的刀盘正和翻转模式,动态调整盾构设备姿态,确保掘进进度有序进行,以便于及时解决不可预见问题带来的影响。在这个过程中,需要相关人员充分了解盾构设备相关操作情况的同时,还要了解地质知识和工程技术,根据管理岗位进行评定,确保盾构设备可以安全使用。

(二)维修和使用制度不完善

盾构设备在使用中,由于作业环境较为恶劣,设备可能出现不同程度上的磨损、老化,缩短设备使用寿命的同时,还会影响到设备的使用安全。对于盾构设备,应该选择什么样的维修制度尚未出具明确的制度。部分施工单位在具体实践中,通过光谱分析、铁铺分析实现盾构设备的状态监测,以便于提升维修成效,确保施工活动有序开展。通过状态维修,有助于降低使用频率和专场次数，确保设备使用安全，但是对于超过符合全寿命周期的维修方式还有待进一步改进和完善。尤其是同一个设备在多个项目使用的特点，为了满足不同地质条件需求，需要对盾构设备进一步改造和完善，如果仍然采用项修方式，由于缺乏对设备技术状况的分析，导致后续设备维修工作无章可循。这样盾构设备在长期运转中，将会影响到设备使用寿命，埋下一系列安全风险。

此外，在当前市场经济快速增长背景下，盾构设备制造厂商之间竞争愈加激烈，部分厂商以保护知识产权的理由而有所保留，导致施工单位无法获取全面、准确的资料。在多个项目中使用盾构设备，管理人员变动频繁，加之劳务外包形式的出现，致使项目技术资料无法充分掌握，极大的制约盾构设备管理工作顺利展开。

（三）经济分析不足，资料不充分

在盾构设备管理中，作为隧道施工中的核心设备，直接关乎施工质量和安全，同时由于设备的消耗量较大，对于施工成本同样具有深远的影响。设备折旧费用作为影响盾构区间费用的主要因素，占比较高，通过折旧计算方法可以有效计算采购成本，除以预计寿命后获得折旧费用。从设备管理角度来看，8km~10km即为盾构设备主轴承寿命。此种技术寿命等同于折旧寿命提法是否合理，需要结合盾构设备自身特性选择直线法，并不符合设备使用规律。从能耗角度进行分析，在把握概预算定额基础上，无法涵盖施工所有工况，具体实践中由于项目部工程的物资、设备和成本等部门理念陈旧，对于盾构设备消耗缺乏充足的认知和重视，无法有效配合获取精准可靠的数据，影响到工程精细化管理发展。这样将为企业带来沉重的经济风险，制约设备精细化管理工作有序开展。

正是受到上述因素影响，经济核算无法充分反映出盾构设备的使用成本，不利于盾构设备水平的有效提升，制约行业健康发展。

三、盾构设备的使用管理

为了充分发挥盾构设备原有价值，确保生产活动有序开展，应该结合实际情况制定合理的操作规程，明确各个岗位职责所在，并定期组织专业培训，各个岗位由专门人员负责操作和承担责任，促使盾构设备管理工作逐渐规范化和标准化发展，减少不当操作带来的不必要损失。通过制动合理的规程，定期组织维护保养人员专业培训，定期设备巡检和维护，做好保养记录，为后续设备检修和管理提供可靠依据。

（一）修理与改造

盾构设备的维修和管理，主要是通过即时维护和预防性维护操作执行。坚持预防为主、保养先行的原则，以便于及时挖掘其中的故障隐患，促使设备原有功能可以充分发挥。在使用一段时间后，可能出现盾构设备功能性无法满足施工情况需求。对于此类情况，相关工作人员应该深入调查和了解施工地层、设备适用情况，通过多方论证针对性制定改造计划，以便于为设备运行提供良好的环境。

（二）更新与报废

一台盾构设备使用寿命接近极限值后，可以结合和设备实际情况进行大修或报废处理。具体处理方法的选择需要对设备进行综合分析和考量，包括设备更新后费用和后续使用价值，来决定更新处理是否有必要。对于部分主要系统接近失效，运行可靠性偏低的设备可以直接申请报废处理。

（三）制定合理的配件计划

对于配件计划的制定，主要是遵循盾构设备故障发生规律针对性制定计划，主要包括计划件、事故件和消耗件几种。对于计划件来看，根据设备维修周期针对性储备和采购配件，结合计划维修设备运行情况，确定最佳的维修周期，选择更换配件，以便于及时解决其中的故障问题。需要注意的是，计划件应该严格遵循维修计划开展管理工作，以便于盾构设备规范化开展。

事故件是指难以预测、无法更换的配件，一旦出现故障将会带来严重的危害。事故件技术含量较高，能耗低，采购周期加长。当前市场信息通畅，市场发展较为完备，事故件并不需要储备。

消耗件则是易损配件，损坏无规律，并且经常需要更换，包括压力表、油路、密封件和传感器等。由于消耗件属于通用件，技术含量低，采购容易。所以，应该确定合理的最低储备量，制定合理的编制配件计划，为后续配件管理工作有序开展提供支持，满足生产需要。结合盾构设备实际投入情况和配件库存数量，合理编制配件维护计划，并经由上级主管部门审批合格后方可投入使用。配件计划合理与否，将直接影响到资金利用效率，通过编制合理的配件计划，可以大大降低库存积压。

（四）盾尾油脂使用

盾尾油脂较大，不同厂家技术水平不同，油脂特性存在明显的差异，这就需要结合具体掘进速度动态调整，确定最佳的掘进参数。掘进速度快，油脂注入量少，油脂腔室出现空隙，盾尾密封性下降，出现漏浆问题。如果掘进速度下降，由于油脂注入量高于实际需求量，可能导致油脂腔室饱和外移，出现不必要的资源浪费现象。在生产作业中，一旦发现漏浆问题需要及时停止作业，对于漏浆区域及时补充盾尾油脂。

（五）工器具管理

盾构设备管理工作涉及内容较广，作为一项重要内容，工器具管理包括盾构设备拆装和维护。配备专门的工器具和辅助材料，为后续盾构设备维护和管理工作提供可靠依据。工器具管理简单，但同时也需要做好工器具的仓储管理，配备专门的工具辅助工作开展，确保设备使用前和使用后保持良好运行状态，以便于在生产作业中发挥更大的作用，推动生产作业活动顺利有序开展。

此外，还要注意行业相关标准和技术规范的制定，但是具体由谁执行还有待进一步落实。联合组织上和使用单位指定维修规程和技术规范，借助现代化技术和手段建立完善的盾构施工监控系统，以便于及早介入，对行业生产活动实时监控和管理。伴随着隧道工程建设进程不断推进，工程规模和数量进一步扩大，盾构法以其独特的优势得到广泛应用和推广，盾构设备逐渐磨损、老化，施工安全性面临着严峻的挑战。所以，相关部门应该立足于实际情况，构建完整的产业链，将其纳入到特种设备管理中，制定合理的管理计划，一旦发现故障问题及时解决，确保盾构设备可以安全稳定运行。

综上所述，在隧道地铁工程施工中，盾构设备作为关键设备，直接关乎施工活动的顺利开展。为了降低故障概率，应该制定合理的设备维修和管理计划，推动技术和工艺优化和完善，做好盾构设备修理与改造，以便于安全稳定运行。

第三节 施工现场机械设备管理

本节简要介绍了施工机械设备，阐述了施工机械设备管理的重要意义及其技术性特点和随机性特点，分析了施工现场机械设备管理中存在的配置不合理、保养维护不当、管理人员缺乏责任心等问题，提出了择优选取设备租赁、采用招投标采购、做好安全防护、加强培训教育、做好成本管理等施工现场机械设备管理措施建议，指出做好施工机械设备管理能够有效提高施工效率。

任何工程项目的建设施工都离不开施工机械设备的支持，施工机械设备的良好状态是确保工程项目顺利进行建设施工的重要基础保障。因此，企业必须重视施工机械设备管理，明确认识施工现场机械设备管理的重要性，充分掌握施工机械设备管理特点，以便采取有效的机械设备管理措施，保证施工机械设备的正常运行，进一步提高施工效率。

一、施工机械设备简述

简单来说，施工机械设备是指与建设施工有关的机械设备。施工机械设备多种多样，用于满足不同的施工需要。施工机械设备主要分为八大类型：土石方机械设备、混凝土机械设备、路面机械设备、起重运输机械设备、压实机械设备、养护机械设备、动力与隧道机械设备、桥涵机械设备。通常一个工程项目在建设施工中需要使用到多种类型的机械设备，因施工现场机械设备数量较多，容易引发安全事故，影响施工效率，因此为了确保生产安全，必须对施工现场的机械设备进行有效管理。

二、施工机械设备管理的重要意义

设备管理是企业管理的重要内容。工程项目规模越大，需要使用的施工机械设备就越多，这就增加了设备管理工作的难度，同时对设备管理人员提出了更高的要求。施工机械

工程技术与设备管理

设备与施工效率、施工进度及施工成本等方面有着密切的关联,做好施工机械设备管理工作,能够为工程建设施工的顺利进行提供基础保障,还能有效地降低生产成本。

施工机械设备在使用中会受到多种内外因素的影响,其中外部因素包括人员、气候、温度等,内部因素主要体现在机械设备各零部件方面。这些因素的不利影响会降低机械设备的使用性能,缩短使用寿命,而且会发生各种故障,从而对工程建设施工产生严重的影响。因此,对施工现场的机械设备进行管理,能够降低机械设备故障率,确保工程施工工期不被延误。

三、施工机械设备管理的特点

(1)技术性特点。施工机械设备是企业经营发展的重要物质手段,是科学技术发展以及工程建设施工需求的必然产物,随着科学技术的进步,施工机械设备也在不断革新。施工机械设备管理也涉及机械、液压、电子、结构、法律法规等多方面的知识。若要正确操作和使用这些施工机械设备,必须对这些知识真正掌握和了解,才能使其充分发挥真正的效用,并使其能够长时间处于良好的工作状态,同时还应做好施工机械设备的维护、保养。由此可见,要做好施工机械设备管理,就必须掌握相关的技术来作为基础,如果缺乏这些技术,那么施工机械设备管理工作就难以顺利进行。

(2)随机性特点。由于发生故障的原因多种多样,因此机械设备故障还具有随机性的特点。不少机械设备故障都是不可预知的,这就使得机械设备管理也具有随机性的特点。一旦机械设备发生故障,特别是突发故障,就必定会对工程建设施工造成影响,给企业生产经营带来损失,因此必须加强设备管理,同时做好日常保养维护,并具备良好的应变能力,以便能够有效应对突发故障。

四、施工现场机械设备管理中存在的问题

(一)施工现场机械设备配置不合理

在有些工程施工中,企业不是根据现场实际情况对施工机械设备进行合理配置,而是根据以往的经验来配置施工机械设备,导致施工现场的机械设备出现闲置的情况。这样一来,不仅无法充分发挥机械设备的技术性,还会在一定程度上降低企业的经济效益。

(二)施工机械设备保养维护不当

一些企业过于追求进度,没有对施工机械设备进行相应的保养维护,导致机械设备过度损耗,最终发生故障,不仅使得工作目标没有按时完成,而且增加机械设备保养维修成本。另外,维修人员在修理机械设备时,因缺乏专业理论知识,技术水平不足,最终使得工程工期被延误,进一步增加了工程成本。

（三）管理人员缺乏责任心

一些机械设备管理人员缺乏责任心，工作时敷衍了事，疏忽大意，导致机械设备出现问题时未能及时发觉并迅速进行处理。很多时候都是事后发觉，事后处理，这样是非常不科学的。

五、施工现场机械设备管理措施建议

（1）择优选取机械设备租赁。企业在租赁机械设备时应做到货比三家，择优选取。机械设备租赁分为内部机械设备租赁和外部机械设备租赁两种，通常情况下应优先选择内部机械设备租赁，当内部机械设备租赁无法满足工程建设需求时再进行外部机械设备租赁。在进行外部机械设备租赁时，必须根据工程建设需求租赁相应的机械设备，这些机械设备必须具备较好的工况，而且还应具备齐全的证件，尽量租赁一类设备，然后租赁二类设备，严禁租赁三类设备。

（2）采用招投标方法进行机械设备采购。在采购机械设备时，应严格按照机械设备采购规程进行。对于采购规模小、涉及资金少的机械设备采购，企业应在采购前深入市场进行调研，做到货比三家、择优选择，确保所采购的产品质量合格。对于采购规模大、涉及资金多的机械设备采购，宜采用招投标方式进行。具体的招投标方案应经过企业设备管理部门审批后执行。在进行招标活动时，还应采取资格准入制度，排除不符合标准的竞标企业，以此确保竞标企业均达到相关规定资质。招标时评标人员应同时考虑两家或三家竞标企业，将这些招标企业进行综合比对，从而做到优中选优。

（3）做好施工现场机械设备安全防护。定期或不定期对施工现场的机械设备、安全设施等进行严格仔细地检查，以便提前发现安全隐患，并及时进行有效处理。通过检查，明确掌握机械设备技术状况。对于需要报废的机械设备，应及时终止使用，以确保施工的安全。在施工现场放置机械设备时，应遵守安全规定，合理放置。施工现场的场地应尽量平坦坚实，并确保机械设备有足够的运动空间。这样能够为发生紧急情况时的疏散提供便利。做好机械设备的防火、防盗、防洪、防雷电，在冬季施工时还应做好越冬保养。

（4）对机械设备操作人员加强培训教育。机械设备操作人员与机械设备的利用率和完好率有着密切关联，若是机械设备操作人员缺乏责任心，专业素质和技术水平较低，就会影响机械设备的使用性能与寿命，从而降低机械设备的利用率和完好率。因此，对机械设备操作人员加强培训教育非常有必要。企业应积极开展培训教育活动，以此增强操作人员的责任感，提高其专业素质和技术水平。操作人员在实际工作中必须严格遵守各项规章制度，以此提高机械设备的利用率和完好率。

（5）做好机械设备成本管理。对租赁机械设备的成本定期进行核算，对机械设备进行动态管理，对于多次出现故障或是利用率不高的机械设备应退租。采用科学化、人性化管理，对于大型、贵重的机械设备，必须加强保养维护，避免由于机械设备故障而导致成本增加。

工程技术与设备管理

总而言之，企业必须明确认识到机械设备管理的重要性，采用科学化、人性化、动态化的手段开展管理工作，强化企业机械设备管理过程中的价值理念，创新企业机械设备管理模式，从而帮助企业实现经济效益最大化的目标。

第四节　建筑机械设备管理

作为建筑施工环节必不可少的一部分，施工机械在建筑施工中扮演着重要的角色，从机械引进到施工，要对机械设备进行科学的管理，保证施工安全与质量，本节从机械使用情况进行分析，并就现状提出管理意见。

建筑机械设备管理是指对建筑机械设备从购置、使用、维修、更新改造直至报废全过程管理的总称。建筑机械设备是现代建筑业的主要生产手段。是建筑生产力的重要组成部分；加强机械设备管理。对提高生产效率、降低工程成本、缩短工期和提高工程质量具有重要作用。

一、建筑机械使用情况

（一）机械使用现状概述

建筑施工单位工作重点是施工现场的实际建筑项目，机械的使用和管理仍存在漏洞，举例而言：施工现场的建筑设备露天摆放缺少基本的苫盖工作；机械使用技术人员缺少必要的机械操作合格证即没有经过系统的岗前培训；设备使用记录空白，没有建立起系统的使用登记管理工作流程；机械设备后期的保养、检修和维护工作不到位，加速了机械的老化，不能保证使用周期内的安全性。

（二）设备成本控制链的断层

机械设备时建筑工程预算中比重较大的基础准备，工程的成本控制需要机械的管理实现有效的支撑作用，建筑施工中重型机械价格不菲，其生产效率也是成本管理的重要方面，设备性能的保障需要企业专门建立设备管理部门专职负责设备引进、存放、使用和后期维修，建立一整套的设备管理系统方案，编号登记并严格控制设备的进出、使用。对单位个体设备进行追踪式管理，由引进使用到报废处理整个使用周期内的设备性能控制都要建立档案，借此有效控制机械的磨损率，为成本控制提供前提。

（三）设备管理机制问题

建筑施工企业重在施工质量控制，设备管理工作方面存在空白或形同虚设，管理人员缺少专业技术知识，岗位设置仅仅为了应对考核，建筑施工单位应该建立专门的管理部门，利用电子计算机技术与设备建立有效联系。①设备技术掌握情况：重型及技术要求较高的

第三章 设备管理的概述

设备需要专业的人员操作,但施工现场人员较为复杂,基本的机械操作中存在无证上岗的情况,威胁施工及现场人身安全。②设备控制情况:施工现场组织容易忽略设备的安全性,存在以次充好、设备带问题运转的情况,建筑设备管理存在漏洞。

二、对策和建议

(一)观念更新

建筑机械设备管理工作是建筑业企业最基本的一项工作,企业必须摆正它的位置。设备管理不仅是安全施工的重要保障,也关系到建筑工程的产品质量和施工的成本和效益。因此,施工企业必须明确设备管理在企业管理工作中的重要地位,应根据本企业实际情况,建立相应的设备管理机构,配备必要的专职管理人员,绝不能用单纯的安全管理来替代系统的设备管理工作。

(二)改革企业设备管理模式

(1)首先,建筑业企业设备管理必须从企业发展的全局角度出发,纠正过去设备部门管设备,其他部门不参与的错误做法,要把设备管理工作纳入到公司宏观管理的范畴,把设备管理工作纳入到公司法人、项目负责人及相关责任人的经营考核指标中去,把设备管理工作的好坏与相关责任人的收入挂钩,树立"全员设备管理"的理念。其次,要把建筑机械设备管理能力作为企业的核心竞争力来培育,充分利用企业自身资源、社会资源为本企业设备管理的各个环节提供优质服务,彻底摆脱贪大求全和闭门造车的设备配置思想束缚。

(2)认真做好基础管理工作,重视设备的维修保养。一是制定并切实执行机械设备的维修保养制度,按规定进行机械设备大修二是重视设备日常的维护保养,保持和及时恢复设备的功能三是抓好对技术工人的上岗及技能培训,坚持持证上岗制度,坚决杜绝无证上岗、违章作业四是由设备产权单位建立和完善设备档案,由设备操作人员建立设备交接班记录台账,由设备维修人员建立设备维修保养记录台账五是完善信息化平台建设,利用互联网和局域网资源进行设备信息的查询,加强设备状态监测与故障诊断的准确性,为管理者提供数据统计、预测、分析等手段,提升信息数据的价值,使相关决策具有可靠的依据,不断提高企业设备管理现代化水平。

(3)对老旧塔机及时更换的控制。随着塔机的使用时间的增长,其使用寿命也会越来越短。所以,我们要及时引进新的塔机,淘汰旧塔机,不能为了节约成本,抱着侥幸心理继续使用旧塔机。所以需制定以下塔机淘汰与报废的技术标准:因事故等原因塔机主要结构性能损坏严重,无修复可能或修复费用超过更新塔机价百分之六十的;能耗高、效率低、经济效益差、保养维护、改造不经济的;国家和有关部门规定淘汰的达到报废条件的塔机,都要毫不犹豫的给予更换,只有坚持这么做,才能有效控制塔机安全问题的发生。

（三）尽快建立完善建筑机械设备行政监管体系

（1）应明确建设行政主管部门对建筑机械设备的行政监管职责。应当充分利用覆盖全国范围内的建筑安全监管体系，仿效公安交警部门对机动车辆的管理模式，建立起由国家建设行政主管部门组织实施的，从建筑机械设备登记、检测、使用到相关人员培训、教育、考核全过程的监管体系，并努力实现全国范围内建筑安全监督机构的动态考核管理。建立社会设备评估机构，引入注册机械工程师管理制度，指导企业加速设备更新、改造、报废步伐。

（2）由建设行政主管部门牵头，联合工商、税务等相关部门，运用综合考评机制、诚信体系评价指标等手段，结合江苏省建筑起重机械登记备案管理制度，建立和维护统一有序、公平竞争、均衡发展的设备资源市场。从机制上杜绝以包代管、以租代管和无人管理的现象，把非正规租赁单位清除出建筑机械设备租赁市场，保障正规企业的合法权益。

（3）扩大建筑安全监管的范畴。各级建筑安全监管机构必须配置专职设备监管人员，有条件的机构应该设立设备监管科。加强对施工企业、监理企业、机械设备拆装企业、设备租赁企业设备管理安全责任落实情况的监督检查，建筑机械设备使用单位、拆装单位必须要有与资质标准对应的机械设备专业技术人员并现场持原件交监理工程师核验后上岗作业建筑起重机械的租赁单位必须具备建筑业企业拆装资质，否则设备事故发生的危险源将得不到有效控制。建立全省联网的建筑机械设备监管平台，对机械设备的租赁、拆装、使用实行动态申报和监管。加大对违法违规单位包括监理单位的处罚力度，达到处理一起教育一片的作用，保障生产安全。

充分发挥协会、学会对设备管理工作的促进作用在政府转变职能的过程中，协会、学会应当勇于承担设备管理的社会职能工作。大力提倡调查研究之风，结合建筑业企业、建筑机械租赁企业在设备管理中遇到的问题和困难，积极开展工作。组织设备资产管理、机械设备综合利用、设备资源的配置和使用等方面的培训，弥补行政主管部门安全培训的不足及时开展建筑机械设备管理的总结评比工作，宣传和推广建筑机械设备管理的先进经验，在全行业形成抓设备管理、求经济效益的良好风气，不断推动建筑机械设备工作迈上新台阶。

施工技术与施工方法的实现需要施工机械的使用来实现，新时期建筑工程的质量要求更为严格，新技术和新方法的不断引进，做好设备管理是杜绝设备安全事故、保障设备安全、高效运行的最佳途径，提升管理人员的专业水平，提升建筑工程质量，促进建筑行业不断地发展。

第五节　电线电缆生产设备的管理

电线电缆是企业生产运行中至关重要的部分，是各个企业进行生产的必要条件，为企业提供了必要的物资基础，节省了时间，提高了效率，直接关系到企业的经营利润。当然，在管理电线电缆设备时也需要很多方法，保护好电线电缆保障了企业的生产运行效率，文中讲述了电线电缆管理的目的和方法，以及管理好生产设备为现代生活带来的各式各样的便捷之处。

一、设备管理的目的和管理方法

（一）电线电缆生产设备管理的目的

在科技化水平越来越先进的时代，衡量的主要标准就是看一个国家的设备的技术是否先进，技术越先进，表明这个国家的生产效率越高，企业的运营成本越低。大到国家，小到企业，个人，产品的合格率，安全性，产品能否保质保量完成，都要求了电线电缆设备的管理刻不容缓，提高电线电缆管理的有效性使企业的经营管理能更加顺畅，高效。

（二）电线电缆生产设备管理方法

按时间的先后顺序可将电线电缆管理分为前期和后期，前期主要是将此项设备变成固定资产之前的研究，探讨；购买后的安装，产品试用，后期主要有产品的科技改造，更新换代，使用后的保修服务，直至产品使用完毕后的报废处理。将二者合理结合就变成了设备一条龙服务。

各个设备的运行要以企业的运营方向为中心，科学、合理的采用新思路、新方法，有助于加强企业的运行效率，节约企业人力，物力，使更多的人有时间可以投入到管理培训中，科学的管理制度对于设立健全的企业管理制度是必不可少的。设备管理需要遵循以下几点要求：

（1）由设备的先进性和企业经营的合理性生产，购买和租进一些管理经营要求的制造机器

（2）让设备时刻能够保质保量完成，并且能维持在很好的水平上，统一方向一致管理和机器水平测试管理，能够让每一个人采用好的方式利用、保护、合理修护、对设备有警觉性，时刻让它保持良好的运行层面，以至于更加准确的完成对企业的生产服务

（3）强调为如今各个机器的重置改良，科学的使用现代化信息，使之可应用于现代化的各项技术所需，增强科技创新水平，为各项培训服务鉴定了基石，也可以增强每一个人的道德品质。

（4）持续改进机器设备服务品质，压低各项不必要的成本支出，例如修理费，改良重置支出等。积极采用例如使用时间周期开销理论与机器设备科学管理理论的一系列科学应用管理研究方式。

（5）提高动力制造管理，使之能够合理、可靠、保险、实惠、高效、科学的完成环保工作。

二、设备的耐磨性和易损性的特点

（一）设备的耐磨性测试

机械设备在应用时由于其内部零件出现不同程度的磨损以及振动损害，内部元件的老化，使用不灵敏，零件存在使用疲劳以至于性能衰减，内部元件损坏主要特点是元件发烫和过烫促使绝缘体由于使用过长而出现了寿命的减少。

在用机器设备时，不同零部件的损坏也是有规律的，按损坏程度的不同分为几个不同的层面。第一个层面表现为损坏初期，零部件外层的图形以及微观凹凸程度都和开始时发生了明显的不同，和原先的物件表现出差异性。在设备真正需要投入使用之前需要进行尝试运作，减少不必要的开支。第二个层面是内部的各个部件运作条件不变要么是变化很小，它的耐磨性会随使用时间而减小，这个层面说明内部部件的使用时间长短。第三个层面为磨损超时阶段，当内部各个部件过于受损时，它本有的联系就会被打破，以至于受磨损的数量增长迅速。

（二）问题设备的表现形式

通常企业设备在运作时，因一些问题而使原本固有的性能无法发挥固有属性以至于使生产运作停止进行、原本作用无法表现，将此种表现叫作问题设备。问题设备由于它表现的情况不同，将其延展为突发问题或偶发问题。突发问题由于不好的情况重复发生不然就是许多外界不利因素作用于设备使之无法承受。此情况带随机性色彩，像内部起主要作用部件无法正常使用、使用问题原料、电流流出击毁等。偶然问题因应用时各个情况使得机器老化迅速，在使用过程中渐渐形成，和机器运作时间有一定关联性，通常可看出一些端倪，此种问题经常出现于内部元件受损，腐坏、材料老旧、使用时间过长导致的元件失效等情况。

随着机器在运作时间内出现的一系列问题情况特征，能把问题发生时间分成三个部分，第一部分是初显问题期，因为设置、制作、配置等一系列内在质量问题出现的障碍，经由重组调配，运行调改，不利因素不断消失，营运呈稳定状态。第二部分为偶发问题期，就是机器的正常运行期。在此时期内问题发生率能停在机器规定情况下平稳运行，机器可能随时发生问题，说明有违反规定使用情况或没有将其维护好。第三部分是受损问题期，因为机器长时间使用，损坏严重导致迅速衰老，问题情况频发，倘若经常对设备进行合理维护、预防、检修，则能加长设备寿命，使之生产性能增强。

三、机器管理的必要性以及发展情况

（一）机器管理的必要性

在电线电缆的制作过程方面，每一个环节都要严格安排，层层把关。每一道工序的连贯和均衡要求机器处于合理的运转状态。如不严格在机器管理上下功夫，机器设备在保养维修方面不注意，在短时间内就可让机器产出率减少或问题机器频发使支出增多，特别是关于电线电缆的机器设备，如果一台主机无法正常运转企业就可能面临停产危机。

在企业的生产运营中，机器的管理是必要的，可以使企业的生产保持在安全范围，如何控制？这就要求在生产中必不可少的人力和物力的安全。每隔一段时间对企业机器设备采取一次安全核检，合理遵循操作安全规范，时不时对相关工作人员采取安全规定讲解。

电线电缆设备在运行时，会不可避免的对我们造成一些危害：废气的排放，粉尘，噪音、振动等。为避免这些问题的发生，企业有必要将造成危害的老化机器进行重置改造：危害的排出、对污染源的治理每项都要落实到具体的人身上，实行定人定机规定，每隔一段时间要将机器设备进行检测，检修等。

（二）管理设备发展情况，发展特点

市场发展竞争的主要特点为提高产品的制作效率，减少产品上交期限，通过提升效率保证质量从而增加市场占有率。因此，企业的一大挑战就是要看准发展前景，对企业机器设备进行更新改造，有长远的眼光，合理提升投资强度，对设备的每一个程序做到保质保量。以此方法，此目标发展，将促使企业技术朝着现代化水平不断前进，以下为具体表现形式。

（1）在当前科技发展迅猛的21世纪，新科学新方法使用在设备中，线缆制作除了将给企业带来高收益，高水准的优质性以外，还有许多需要改善的问题，像问题设备损失支出大，加快生产导致的环境污染，能源耗用量大，机器损坏程度日益严重等。

（2）如今的机器设备上使用资金密集，特别在新型研制自动化机器物价日益增长。所以，不管是在设备的投入还是在检修成本上都会日益增加。从而更加急切需要提高机器使用效益，减少不必要开支，看是否投入小于产出。

（3）如今机器设备技术员工也呈减少趋势，但是待修机器设备以及维修人员呈增长趋势，维修难度日益增长，因而需要现技术跟上现体制的发展。

（4）机器与机器运作场地是污染的主要源头；机器管理和节约成本有密不可分的关系。因此，需要改进的是对于资源节省、环境治理、对于安全性认知之类的问题。

现代技术水平的不断发展，线缆生产对于机器设备具有很强的依赖性，机器设备的管理也呈现越来越重要的趋势，设备的科学运作可以让企业的运作更加顺利。所以，提高企业的设备管理能力对于企业来说是增强其经济效益的秘密武器。

第六节　基于大数据的设备管理

通过分析设备生命周期内存在的管理和维护工作，提出通过采集设备的相关数据，并应用于设备管理，达到增加效益、节约成本、减少维修工作量、降低劳动强度的目的，支撑设备的自动化控制。

随着互联网技术和物联网技术的发展，大数据的作用已日显突出。在传统工业领域，大数据也开始被应用到设备的管理和维护工作中，以提高设备可靠性，降低工作强度，提高效率。数据采集和应用是一个系统工程，需要总体规划，才能取得理想的效果。本节针对散料机械行业，提出了基于大数据的设备管理理念，旨在以大数据为基础，推动自动化技术的应用，助力智慧码头的建设。

一、大数据采集

大数据采集的原则需要根据实际的需求进行数据采集，目的是在解决问题的基础上，能够更好地控制成本，避免数据太少，不能支撑设备的管理和维护；数据太多，造成不必要的浪费。数据采集涉及数据的种类和数据的采集技术。

（一）数据种类

采集的数据种类主要有原始数据、经验数据、检测数据、操作数据。

1. 原始数据

原始数据是基于 EIM（Equipments Information Modeling，设备信息模型），将设备在设计、制造以及调试过程中的数据进行采集，为设备后期管理提供理论依据，具体包括以下 5 个方面。

（1）图纸信息。以设计图纸信息为基础，建立 3D 设备模型。

（2）外购件采购信息。包括电动机、联轴节、减速箱、制动器、轴承等主要外购件。

（3）易损件信息。包括耐磨衬板、钢丝绳、钢丝绳托辊、车轮、滑轮等易损件。

（4）焊缝、高强度螺栓检验信息。制造过程中的焊缝无损检验以及高强度螺栓拧紧力矩等信息。

（5）设备调试数据信息。调试过程中，涉及的机械、电气以及液压数据。

2. 经验数据

经验数据是基于易损件，在现有技术条件下无法通过检测手段采集其磨损信息，需要通过不断地横向和纵向比较，获取该方面的信息，为易损件的更换提供理论的依据。具体包括：耐磨衬板、钢丝绳以及钢丝绳接头、车轮和水平轮、滑轮、钢丝绳托辊、皮带等。

3. 检测数据

检测数据是基于传感元器件并结合测试技术，对设备的主结构、主机构等关键部位进行的振动、温度、电流、电压等数据的检测，采用在线或离线的方式获取检测数据。

检测部位有：

（1）主电机：电流、电压、轴承振动及温升。

（2）主减速箱：轴承振动、温升。

（3）关键支承轴承：振动。

（4）主结构：振动、应力、焊缝 NDT。

（5）钢丝绳：NDT。

4. 操作数据

操作数据是指设备在作业过程中产生的数据，一方面可以判定设备是否在许用的工况下使用，另一方面可以为设备的故障和战略维修提供工况数据。操作数据的采集包括：生产能力瞬时量和累积量、起重量、循环周期时间和次数、主机构的电流和电压数据、主机构的累计工作时间等。

所有数据都将围绕设备生命周期内存在的管理和维护工作进行采集，便于数据应用时做到有的放矢，目标明确。

（二）数据采集技术

数据采集过程中需要应用以下 4 个方面的技术：

（1）设计技术。设计技术是指设备设计所需要的机械、电气以及液压等方面的技术。原始数据以及经验数据的采集需要借助设计技术，保证采集数据的准确性。

（2）传感和测试技术。通过传感器等检测元器件结合测试技术，进行在线或离线数据检测和采集。

（3）云存储和云计算技术。将采集的大量数据存放到云端并进行共享，通过云计算，对采集的数据进行分析，并提供设备管理方案。

（4）互联网技术。将现场采集的数据通过互联网传输到数据中心，数据分析后再将建议传输至各终端。

二、大数据应用

大数据应用的原则包括保障设备的可靠性和使用率、增加效益、降低成本。大数据将围绕设备生命周期不同阶段存在的管理和维护工作进行应用。设备的生命周期包括：设备建造完成后的调试阶段、日常维护阶段、易损件更换阶段、故障维修阶段、战略维修阶段。

（一）调试阶段

设备进入调试阶段，不仅仅需要对各机构进行动作调试，更需要在调试过程中采集相关的数据，以验证设备设计的可靠性，包括轮压、稳定性、电机电流、结构的动静强度和动静刚度等数据，再结合设计技术对新设备进行可靠性验证。

（二）日常维护阶段

日常维护工作主要是物料的清洁输送、易损件的磨损等的点检。对旋转件的润滑。易损件的磨损可通过经验数据的采集，减少点检工作量。旋转件的润滑，可以通过振动检测数据和原始数据，并结合数据分析，给出更为合理的加油周期和加油量的计划。

（三）易损件更换阶段

易损件的磨损是不可避免的，但可以通过对原始数据的分析、易损件的纵向比较、类似设备的横向比较等经验数据，再结合数据分析，去判断易损件的寿命合理性，通过设计技术改善磨损程度，延长易损件的寿命，提高设备的使用率。对于大宗物资或关键元器件，还可以通过不同用户对同类型、同规格设备的数据共享，实现零库存。

（四）故障阶段

由于设计问题、制造问题、零部件寿命到期问题以及操作问题都会引起设备的故障，可以通过采集的原始数据、检测数据以及操作数据，对故障进行分析，并提供更为合理的解决方案。

（五）战略维修阶段

设备使用一定年限后会出现不同程度的故障或疲劳特征，为保证设备的安全可靠，需要对设备进行战略维修，改善设备的状态，提高设备的可靠性，延长设备的寿命。战略维修需要借助原始数据、检测数据、操作数据，再辅以深度检测数据，结合深度理论分析，方可给出合理的、符合实际的维修方案。

三、典型案例

下面以抓斗卸船机为例，分别介绍设备生命周期内各个阶段大数据的应用情况。

（一）设备调试阶段

设备调试阶段，主要需要验证设备的原始可靠性以及设备的安全保护。

（1）检测轮压和重心分布。设备进入调试阶段，需要检测轮压以及整机重量重心分布，并结合理论分析，折算到最恶劣工况下的最大最小轮压是否满足要求，并与理论计算值进行比较，找出差异点。

（2）检测主电机电流和电压。调试阶段，通过检测主电机电流和电压，可以计算出实际所需要的功率，并修正理论计算的数据，以修正后的数据为基础，对设备安全进行过载保护设置。

（3）应力和位移检测。调试阶段，需要对设备钢结构的动态应力、静态应力和位移进行检测，并结合原始数据，对设备钢结构进一步分析，以验证设备的钢结构可靠性。

（二）日常维护阶段

设备日常维护阶段，更多的工作体现在旋转件的润滑，也就是轴承的润滑。轴承的润滑有3种情况，分别是稀油润滑、甘油润滑以及自润滑。自润滑属于免维护性质，日常维护工作不包含。通过采集轴承振动的数据或温度数据，并经过不断地比较和分析，提出更加合理的润滑周期和润滑量。

（三）易损件更换阶段

设备上易损件有耐磨衬板、钢丝绳、车轮、滑轮等。以钢丝绳为例，钢丝绳的破坏有先天问题、后期磨损、意外碰擦等几种情况。可以在钢丝绳使用之前采用钢丝绳检测工具对钢丝绳进行检测，排除先天问题，根据使用经验，对即将更换的钢丝绳进行检测，了解钢丝绳的状态，再确定钢丝绳的更换周期。

（四）故障阶段

差动减速箱作为抓斗卸船机的核心部件，可靠性一直备受关注，需要通过采集振动和温度信息来分析其中元器件的磨损趋势，便于给出合理的维护周期。当然差动减速箱不同于其他平行轴减速箱，由于功能行星包的存在，一些部位无法直接检测，需要对差动减速箱的原理、所有轴承参数、工作工况有充分的了解，方可给出准确的维护建议。

（五）战略维修阶段

抓斗卸船机使用超过一定年限后，需要对设备的主结构和主机构进行战略维修，以改善设备的状态，或者是延长设备的寿命。通过采集设备实际的载荷谱以及已经发生的疲劳次数，再校验理论计算的结果，反复多次，直到理论计算的结果与实际检测的数据一致，并找出设备的疲劳点，再对设备提出战略维修方案。

四、大数据应用的意义

（一）保证设备的可靠性和使用率

设备的可靠性和使用率是专业码头2个重要的生产管理指标。在设备使用的初级阶段，通过对原始数据的应用来验证设备的先天的可靠性；设备使用一定阶段后，通过经验数据和检测数据的应用，发现问题并进行改进和完善，提高设备的可靠性和使用率；设备进入疲劳期，通过检测数据和理论分析，对设备进行战略维修，提高设备的可靠性。

（二）避免设备的过度维修或欠维修

目前的设备管理和维护现状完全依赖于个人或团队的经验，很难对设备提出准确的维修计划，设备的过度维修或欠维修不可避免。只有通过大数据的应用，方可避免此类问题。

（三）设备的产能升级

在码头业务迅猛发展的背景下，设备的生产能力低于生产需求，设备需要产能升级。在设备产能升级的过程中，如何采用最小的成本、最省的时间，需要有足够的理论数据进行支撑。原始数据等大数据的应用能够准确给出设备升级前的状态，便于找到最合理的方案。

（四）设备的寿命延伸

当设备进入疲劳期或寿命期，很多情况下都需要对设备的寿命进行延伸。大数据的应用，能够充分了解设备的状况，再结合深度理论分析，找出设备的疲劳点或偏弱的位置，提供战略维修方案，实现设备的寿命延伸。

（五）大宗物资的"零库存"

大数据的应用，一方面可以知道大宗物资的准确的状态，同时还可以及时发现可能存在的风险；另一方面通过数据共享，将行业内同规格的设备进行归类，对大宗物资统一调配，逐步实现大宗物资的"零库存"。

（六）减少维修人员，降低工作强度

大数据的应用，解决了设备可靠性和使用率的问题，减少了设备维护工作量。同时，由目前的被动维修变为计划维修，减少了对生产的冲击，降低了维修人员的数量和工作强度。

在互联网+和物联网的历史背景下，大数据的应用是必然趋势，智慧码头建设离不开设备的自动化控制，设备的自动化控制离不开大数据的支撑。

第七节 工程设备管理与成本控制

对当前工程设备管理工作项目成本管控造成的影响作用进行科学探讨，分析了施工机械购置与控制施工成本之间的关系，进而根据现有的建设单位工程设备管理情况，提出了优化工程设备管理、提升成本控制效率的策略，以期使工程建设单位在成本和效益间获得双赢，希望对成本控制部门有一定的借鉴意义。

工程设备是建筑施工中不可或缺的设备设施，一项工程必须借助必要的机械设备才能完成。然而，购置施工设备必然增加施工成本，这就需要科学预算，合理购置。以达到既要保证施工所需，又要在一定程度上降低开支，较好的控制成本，获取较高的经济收益。

一、工程设备管理对项目成本控制的影响

工程设备是施工的基本保障，在施工成本中所占的比重较大。但没有施工设备施工就无法进行。购置工程设备必然增加开支，压缩收益空间。近年来，工程建设机械化程度越来越高，很多过去由纯人工承担的工作多数已由机械取代。在推动生产力进步的同时也造成了施工成本的大增。部分施工企业为保证按期完成施工项目，不考虑施工实际，盲目购置机械设备或不合理使用施工设备等，有的省市搞成机械会战，大大地增加了项目成本。因此，要控制工程项目成本就必须首先控制工程设备的购置，对现有设备进行合理管理，既把各种设备的功能充分发挥出来，又能有效在单位时间内提高生产效率。目前，工程施工方在施工中不计成本的"吃设备"现象普遍存在，应当引起建筑行业的重视。造成施工中"吃设备"问题的原因很多，究其根本是施工企业普遍资金短缺，有的甚至垫资施工，为了保证顺利施工，机械设备大都超负荷工作，没有时间进行维修、养护，造成很多的施工设备损坏或报废。部分施工单位为了揽到项目，炫耀实力盲目购置施工设备。直接增加了工程的生产成本。加上施工单位对成本控制责任不明，错误认为项目成本控制是成本管理主管或财务人员的责任，自己只负责施工，没引起工程技术人员和工程施工人员对控制项目成本的重视。一心为了赶工期、提质量而增加施工设备不管使用效果。实践证明，管理好施工设备与有效控制好项目成本，提高施工质量是密不可分的。

二、做好工程设备管理，有效的控制项目成本

要做到有效的控制项目成本，必须从优化工程设备管理入手，采取事前、事中和事后控制相结合的方法，加强对工程设备的科学管理和合理使用，有效控制项目成本，整体提升施工效益。

（一）制定设备投入计划，做到事前控制

施工前制定出机械设备投入计划，合理配置施工设备。施工单位在编制施工组织计划中应包括机械设备投入和使用计划，根据施工方法、进度要求、工期等实际，合理选择工程项目施工设备，包括确定设备规格、型号和数量，对即将投入的施工设备总量进行事前控制，以既能保证工程顺利施工又保证设备的承受能力为原则。本着先调剂、后经租的原则，将施工单位内部闲置或正在维修的设备集中。充分利用可以修复的自有工程设备，对某些老旧设备进行改造，做到充分利用。不足和缺口设备，根据设备投入计划预算成本，然后根据实际情况决定是从建筑设备租赁市场租用，还是自行采购。对于决定租赁的设备，按照实际工程量大小合理配置，以适应施工开展为原则。租用的设备要做到型号适当、性能稳定、操作简便、经济合理、施工适用、安全可靠、维修方便、零部件易购和互换性强。施工设备配置好进入工地后，应先进行调试，确定设备功能与施工任务相适应，避免租用已淘汰产品。同时保证设备能耗低、噪声小，对周围环境污染小，提高利用效能，有效降

低综合成本。部分施工单位只顾追求工程进度，不全盘考虑施工设备配置，造成施工设备闲置浪费，造成成本增加的问题应引起足够的重视，从思想上改变大手大脚的不良习俗。施工现场工程设备应由专人操作管理，避免大家齐下手、谁也有管理责任谁管理也不到位的盲目使用，实现通过机械设备合理投入，有效控制项目成本的目的。

（二）施工中的管理控制要做到合理有序

1. 设备使用数据记载要详细

设备投入运行后，使用者应做好设备使用数据的日记录。施工单位为设备建立档案，将使用数据入档保存，作为以后设备维修保养的重要参考依据。设备发生故障时，数据记载可以帮助相关人员尽快地了解故障原因，对解决故障提供数据支持。全面的数据记录还可以帮助使用者了解设备月运转台时和工作完成产量以及油料、配件消耗等信息，便于及时汇总和对设备运转效果、使用效率进行正确评价、分析，根据实际对使用技术经济指标进行比较和调整。

2. 设备的维修和保养是提高利用率的保障

加强设备维修保养，保证其正常运转和最大限度地发挥作用，就必须减少故障和事故的发生，使机械效能发挥到极致，延长使用寿命。具体到使用实践中，坚持预防为主、养修并重，将大型、特种设备列入强制保养之列，在运行中保养，在保养中运行，减少因机械损坏增加维修成本，增加不必要成本，以最低的投入换取最大的经济效益。施工单位应从思想上对机械设备的维修养护，可以从下列三个方面着手，完善机械设备维修保养制度。①强化施工单位对机械设备的养护意识，提高各级领导和设备操作人员从思想上对机械设备维修保养的认识，自觉强化对设备的保养。②机械操作人员首先明确机械设备的性能和维护保养周期，根据操作实际制定切实可行养护计划。施工企业不能以任何借口抵制设备操作人员的养护计划，支持设备直接操作人员采取定期维护、保养、检查点检制对机械设备进行定期维护保养，严格按各级保养规程执行各项维护保养，消除故障隐患。养护周期内每次维护保养结束后，施工单位的机械工程师应对照数据记载对该设备的维护保养进行检查验收，检查中发现问题，立即令其停工限期整改。对拒绝整改或未在限期内完成整改的施工单位，验收单位有权对其进行处罚。③机械设备运行根据施工工期的变化，具有较强的季节性，施工作业的分散流动较强，施工作业环境变换频繁，往往一个项目完工后马上转入另一个项目施工。为了及时对设备进行维护保养，应抓紧转场间隙突击检查，以保证设备技术状况良好。发现事故隐患及时修理排除。

（三）事后控制不可忽视

加强对施工成本的有效控制，需要所有和设备相关的人员的共同努力，实际施工过程中，项目所有人员需要形成合力，从机械设备规范管理入手。实现对设备管理的科学化，

第三章 设备管理的概述

合理控制机械成本。完善设备操作人员的岗位责任制和维修人员的包机、包设备责任机制，做到奖罚有度，充分调动项目相关人员的积极性，保证设备管理到位，增强操作人员和管理人员的时间意识，创造单位时间效益的最大化，降低整个工程项目的成本。

　　工程设备管理与成本控制，是施工单位必须面对的重要命题。施工单位为实现效益最大化，应该从合理配置机械设备入手，使机械设备既能适应施工需要，保证工程顺利施工，又不能拼设备增加施工成本，做到科学核算、合理配置，最大限度的发挥机械设备的作用，保证工程施工顺利进行。

第四章 设备管理创新研究

第一节 设备管理创新提效助企业发展

本节着重阐述企业推进设备管理创新,对提高设备使用效益,确保企业健康、持续发展的意义。笔者结合在来冶生产一线设备管理点滴,以创新驱动、管理蜕变、强化主体责任,加快设备对标管理以及推进合理化建议,破解生产难题等几方面综合论述了强化设备管理的新举措,着重提出设备维修人员只有通过"消防员"到"设备保姆"角色的转变,才能从繁重而忙碌的日常维修工作中解放出来,做到有计划维修和检修,提高设备使用效益,实现"以设备保生产"的管理终极目标。

设备管理是企业生产经营管理工作中的重要一环。随着市场经济改革的不断深入,传统的设备管理模式已经不适应生产的发展。随着我国经济发展突飞猛进,国有企业面临着国际与国内市场的双重机遇,同时也面临着在新形势下生存竞争的挑战,在机遇与挑战并存的经济形势下,来宾华锡冶炼有限公司(简称来冶)经济发展将全面进入"新常态",企业管理机制和人事改革正处入"攻坚期"。在新时代新趋势下,如何强化来冶设备管理创新、提高设备的使用效益,助力企业发展,已被提到企业的议事议程,它与企业安全生产及发展大局息息相关。

来冶公司位于广西中部来宾市兴宾区,红水河畔,是一家大型国有有色金属综合冶炼企业。隶属广西华锡集团股份有限公司。现有锡冶炼和铟锌冶炼两大系统,主要产品有:锡锭、铟锭、锌锭、硫酸等。该公司技术力量雄厚、工艺精湛、设备装备水平高。但近年来由于设备老化、故障率高,增加了维修、操作人员的工作量,同时设备备品备件消耗呈不断上升趋势,导致设备维修成本居高不下,对正常生产带来一定的影响。为此,对如何加快推进设备管理创新,提高设备使用效益,对确保来冶发展非常重要,笔者借此机会结合多年来在生产一线工作经验谈些看法。

一、强化管理,提高设备使用效益

(一)管理蜕变

许多企业的设备维修人员所充当的角色,基本上是消防"救火队员"身份,哪里有火情，他们就冲向哪里。为了彻底改变这种被动局面，笔者认为，企业应树立"设备保生产"管理理念，以管理优化为手段，从设备管理创新上狠下功夫，制定出台设备维修标准化管理流程制度，采取分片包干到户的维修责任制等一系列的配套措施，即从生产岗位人员发现设备故障，如何报修，到维修班接到维修指令，如何安排工作，具体到维修人员接到工作指令，如何开展工作，如何检查验收设备维修质量，到维修人员完成工作后，需保持生产现场清洁等等问题，都在设备维修程序流程图上做出精细的明确规定。只有通过实行科学化、标准化的设备创新管理模式，维修人员工作责任心及工作主动性才会得以加强或提高，才能做到对辖区内设备了如指掌，成竹在胸，最终实现从"设备消防队员"到"设备专职保姆"角色的转变，并收到事半功倍之效。

来冶锌分厂电工班，组建于2012年3月，由原料、浸出、电解三个车间的电工班合并而成。电工班成立之初，分为三个小组，设立正副班长各1名。因刚合并，各自对其他辖区范围的电器设备、线路都不熟悉，一下子难以开展全方位的电气维护工作。

在此期间，电工值班电话一天到晚响个不停，班组人员整天就像消防队中的"消防员"，每天上班，就是"救火"，"救火"！一直在"救火"！他们在生产现场不停地忙着，好像看不到尽头？又好像这场"大火"永远无法扑灭⋯⋯

2015年6月，电工班从生产、电气维修实际出发，理顺班组内部管理，对电工班的三个小组人员进行重新调整，充实各小组维修力量，做到新老搭配，力量均衡配置合理，极大提高了各小组人员的工作积极性。班组重新组合后，着重在管理上下功夫，并注重班组特色文化建设，营造了一个学技术，比贡献的良好氛围，班组员工的工作积极性高涨，工作责任心加强，维修质量得以提升。同时加强了辖区电气设备巡点检力度，确保电气故障隐患消灭在萌芽状态，发现问题及时处理。设备维修效率、维修质量均得到持续提升并形成良性循环，设备故障大为减少，电气设备维修成本大为降低。所有这些改变都源自于班组发生了脱胎换骨的变化，班组员工从"消防员"到"设备保姆"身份转变，对提高设备使用效益，助力企业发展，起到催化剂的作用。

（二）强化主体责任

加强设备管理创新工作，全面落实设备管理主体责任，是严防重大设备事故的发生，确保安全生产的重要举措。面对当前企业严峻的生产的形势，切实履行好设备管理的主体职责，坚持预防为主的原则，推行全员设备管理，实行"党政同责、一岗双责、齐抓共管"的设备管理责任体系，层层签订责任状，将设备管理责任分解到公司所属分厂、车间、工段和一线班组。各级设备管理人员深入现场，从严从实，从细抓好设备安全运行的各项监管工作，加大设备事故隐患排查力度，落实设备巡点检制度，加大整改力度。强化设备管理标准化建设的主体责任，特别是加强生产主体设备和重点设备的管理，防止重大设备事故的发生，为生产做好保驾护航提供强有力安全保障。

（三）强化设备管理创新

1. 设备当"婴幼儿"呵护，确保"汛期"安全

每年夏季，是设备故障及电力火灾多发时段，为确保生产主体设备顺利渡过"防暑汛期"，企业各级设备管理及维修人员应加强对重点设备的巡点检力度，并树立把设备当"婴幼儿"细心呵护理念，为顺利完成企业年度生产任务保驾护航。每年8月份，来宾地区持续高温，室外温度高达36℃，一些通风条件差的设备机房室内温度更是高达50℃以上，由于一些电气设备长期运行、动作频繁或线路接触不良，电气接头处很容易发热而发生火灾。针对这一情况，设备管理人员应高度重视设备"防暑汛期"的管理，着重改善设备机房通风条件，加强生产班组设备操作管理，提高班组设备维护质量，做到当班设备故障隐患未处理好不交班、上班设备运行情况交代不清楚不接班、设备故障隐患处理不过夜。要求企业各级设备管理人员和生产一线设备维修人员，真正把设备当"宝贝"、像看护自家"婴幼儿"一样细心呵护设备，才能有效确保设备巡点检工作落地生根，把设备隐患消灭在萌芽状态，为完成企业年度生产任务，撑起设备保护伞。

2. 以创新驱动，加快设备对标管理

推行创新驱动，向创新要效益、要潜力，是全国两会代表关注的热点，也是来冶健康发展和永葆青春的"基石"。对于来冶而言，重点推动锡、锌、铟冶炼产能提升和锌、铟系统设备大修、技术改造工作，确保年内奥炉、挥发窑、锌2#沸腾炉等主体设备按计划完成大修和技改工作，以此确保年度任务完成。发挥设备技术优势，助推生产经营指标的提高，提升企业设备技术创新能力，建立激励机制，加强设备技术人才培养，健全设备技术创新人才支撑体系。深入开展设备对标管理，通过对标找差距，强化设备管理考核及现场文明整治、治理跑冒滴漏、全员提高设备创新、对标管理意识。通过设备对标管理，强化全员设备管理力度，努力提高公司整体设备管理水平，力争早日赶超行业标杆企业。

二、推进合理化建议，破解生产难题

来冶积极鼓励员工提合理化建议，解决生产的瓶颈问题，作为强化公司全员参与设备管理，助推企业健康、持续发展的重要途径。

（一）提高产能

锌系统净化工序的三组换热器因设计为并联连接使用，当工业炉因故停炉时，送到净化工序换热器的蒸汽压力经常偏低，进而导致换热器出口的溶液温度，无法达到工艺过程控制要求，造成影响生产的瓶颈问题。公司采纳员工提出"换热器由并联改串联，提高换热效果"的合理化建议，不仅影响生产的瓶颈问题得以圆满解决，而且工序产能得到大幅度提升。

（二）降低设备故障率

锌系统浸出工序压滤机，作为生产过程浓密底流固液分离、杂质开路的主体设备，但在实际生产过程中，由于集液盘信号传感器工作不可靠，而导致压滤机频繁发生故障，致使浓密工序底流排放不正常，直接影响生产正常运转。针对这一情况，公司采纳了员工提出的"改变集液盘信号传感器结构形式，提高压滤机运行可靠性"的合理化建议：即将压滤机集液盘机械式信号传感器改为电子感应信号传感器。经过几个月的生产实践确认，此项合理化建议实施后收到预期效果，压滤机故障率、设备维护成本大为降低。不仅成功破解生产难题，而且确保了该工序的安全生产。

（三）提高产品质量

锌系统熔铸工序在锌锭铸型过程中，按原设计是依靠自然风冷却，使锌锭成型。然而由于1#、2#锌直线铸锭机长度不足，自然风冷却时间短，锌锭成型度欠佳，致使锌锭外观质量达不到产品出厂控制要求，常导致返工，尤其是在夏季更为严重，成为困扰生产的一道难题。公司采纳员工提出"增加锌锭降温风机，提高锌锭铸型率"的合理化建议：即在铸锭机锌模上方中段位置加装两台轴流风机（SF4B-4），进行强制风冷锌锭表面，使其运行至卸载位置时每块锌锭均能达到完全固化的状态。此项合理化建议实施收到预期效果，不但解决了生产难题，而且锌锭产品外观质量得以大幅提升，杜绝了返工现象，降低了工人劳动强度，每年可为企业节约电费10万元。

三、体会和建议

（一）体会

设备管理是企业诸多管理的核心内容，推进设备管理创新，切实做好设备管理与维护，提高设备使用效益，充分发挥设备产能，减少人力、物力、财力的投入，以实现企业效益的最大化原则，保证企业正常生产，降低产品生产综合成本，并通过加强设备管理创新，落实设备维修责任制，有计划的实施设备维修、检修和技改，提高企业装备水平，不断增强企业发展活力。

（二）建议

以人为本，切合本企业实际，把设备管理创新落到实处，不断挖潜设备维修降耗潜力，提高设备使用效益，确保企业在市场经济体制下，实现设备管理由粗放型到集约型的转变，并通过责任制或绩效考核的方式，把提高设备使用效益与员工工资按一定比例挂钩，以此营造设备维修高效、高质的良好氛围，达到延长设备使用寿命，提高设备安全运转率或在用设备完好率，提升设备为生产保驾护航的能力。建立健全维修过程中约束机制和激励机制，提升设备维修人员的主人翁意识和责任感，把实现维修工从救火"消防员"到"设备保姆"角色的转变作为设备管理创新的第一要务,以达到提高维修效率、降低维修成本的目标,为实现企业高效、高产、低耗,大幅增加经济效益奠定坚实基础。

第二节 加强企业设备管理创新实现设备资产优化增值

管理的实质就在于发挥组织作用,使各种组织合理协调有序互补,这个过程是对组织资源进行有效整合的过程。合理而有效的组织资源对于搞好公司管理,实现公司的组织目标,促进公司的发展具有重要作用。所以管理创新的灵魂和精髓是从根本上创造一种新的更为有效的组织资源整合模式,以达到目标管理程序所要求的标准实现组织资源的有效整合,不仅可以明确组织内每个人的权利义务,并很好地履行这些职责,而且能够及时调整与改善组织结构,使各部门及工作人员的职责范围更明确合理,以适应公司生产经营的变化与发展。

一、设备管理创新的重要性

经过几十年的发展,公司由传统的老32机械设备向新型的全电动设备发展,对自动化设备的依赖越来越重要,由此设备管理与生产矛盾日益显现,具体体现为以下几个方面:①公司内部数控新型设备与传统机械老设备并存,专业维修人员知识水平出现断层,缺乏对专业设备的保养技能,无法维护不断增加的电气化设备。②有些设备操作人员只管不理最终导致设备管理混乱。③井队设备管理人员追求成本经济效益,所以大部分的设备保养不足。④部分设备反复维修就没有从中找到问题的根本所在从而产生经济浪费。综上所述,传统的设备管理体系对存在问题显得束手无策。

二、传统设备管理模式所存在的问题

我们一直沿用老旧的设备管理模式,采用设备的五级保养制(即设备的一保、二保、三保和大中修),其特点是以定期维修和抢修为主导方式,没有科学的经济核算。随着进口设备和高精尖数控电气技术的引进,原有的维修方式弊端显现,在日常保养和三级保养中如果盲目地保养,反而会引起设备产生大量的未知故障,如:系统操作柜内的清洁擦拭方法不当会造成接线的松动;插头错插,有时会造成短路现象;机械部分的液压元件密封点会因盲目拆卸造成寿命降低或其他的泄漏等,进而使保养效率大大降低,甚至得不偿失。

维修资源重复配置:井队盲目的没有规范的进行大规模备件采购、大量占用库存,在设备更新后,老式的备件就占用了大量资金资源造成浪费,价格昂贵的设备又不舍得领,从而影响了修理周期。

三、针对上述原因我们应采取以下相应对策

推行全员维修即：利用包括井队小班操作人员在内的生产维护保全活动，提高设备的全面性能。

（一）首先，创造井场现场的变化

公司在推行管理策略中，要想让井队职工能够积极踊跃地参与，最为关键的要素就是要创造局部的变化，并消除井队职工的认知盲区。也就是说，机动部门通过在井队现场创造出快速的变化，让职工在第一时间看到这些变化，这一点五公司机动科在2013年将所有井队设备全面喷漆，至此设备焕然一新，从而让公司职工增强改善活动的信心，提高了工作效率。

（二）引导职工积极参与改善

如何引导职工参与公司的改善一直是个值得讨论的问题。因为公司在改善中仅仅依靠几个管理者的力量显然不能够实现目标，在这种情况下就需要让职工参与到公司的改善中，这样才能发挥出最好的效果。要实现这一点就需要让他们感受到公司的发展动力，以及自身在公司中的价值。如果职工在公司中看不到发展前景，或者自己的价值无法在公司中得以体现，那么他们就不太可能和公司一起进行改善。因此，公司应该多鼓励职工，并给予他们足够的信任，这样才能激发出职工的热情，以便让他们加入到改善的行列当中。

（三）不断地提出更高的目标

想要让全员维修活动执行的效果明朗，应该掌握循序渐进的原则。不断提出更高的目标，而不断提高的过程需要循序渐进，应该根据改善执行的情况，在适当的时机提出不同的目标，逐渐提高目标层次，从而提高效率。

（四）制定目标，落实各项措施，步步深入开展工作

1.制定提高设备综合效率的措施

成立维修小组，小组成员包括井队设备副队长、各路大班。维修小组有计划地选择不同种类的关键设备，抓住典型总结经验，起到以点带面的作用。维修小组要帮助操作人员确定设备点检和清理润滑部位，解决维修难点，提高操作人员的自主维修信心。

2.建立自主维修程序

首先要克服传统的"小班操作，大班维修"的分工概念，要帮助操作人员树立起"操作人员能自主维修，每个人对设备负责"的信心和思想。继续推行5S活动，并在5S的基础上推行自主维修"七步法"：①初始清洁清理灰尘，搞好润滑，紧固螺丝；②制定对策防止灰尘、油泥污染，改进难以清理部位的状况，减少清洁困难；③建立清洁润滑标准逐台设备，逐点建立合理的清洁润滑标准；④检查按照检查手册检查设备状况，由小组长引

导小组成员进行各检查项目；⑤自检建立自检标准，由井队设备副队长带领各路大班按照自检表进行检查打分并进行奖罚，在检查的过程中可以几路之间进行互查例如：机房查钻台、钻台查固控、固控查机房，形成互相监督机制。并参考机动部门的检查表改进小组的自检标准。树立新目标和维修部确定不同检查范畴的界限，避免重叠和责任不明；⑥整理和整顿制定各项标准，如清洁润滑标准、现场清洁标准、数据记录标准、工具、部件保养标准等等；⑦自动、自主维修职工可以自觉，熟练进行自主维修，自信心强，有成就感。

3. 做好维修计划

机动部门制定的日常维修计划要和小组的自主维修活动结合进行。并根据小组的开展情况对维修计划进行研究及调整。

4. 建立设备初期的管理程序

设备负荷运行中出现的不少问题往往在设备设计、研造、制造、安装、试运行阶段就已隐藏了。因此，设备前期管理要考虑维修预防和无维修设计，在设备选型（或设计研制）、安装、调试及试运行阶段，根据试验结果和出现的问题改进设备，具体目标是：①在设备投资规划的限度内争取达到最高水平；②减少从设计到稳定运行的周期；③工作负荷小；④保证设计在可靠性、维修性、经济运行和安全性方面都达到最高水平。

机动部门要随时检查评估全员维修的结果。改进不足，并制定下一步更高的目标，为公司创造更大的效益。设备管理是一门综合管理学科，在实际应用中不能全部照搬照抄，应根据本公司的特点和今后的发展方向进行科学的应用，吸取别公司经验的同时要走本公司自己的管理道路，才能在竞争激烈的市场上生存、发展。

第三节 机电设备维护维修与管理的创新

随着我国科学经济水平的不断发展，各种机电设备也在不断地发展与更新。机电设备已经从传统的机械设备朝着数字化、智能化、自动化的方向发展，并且进入到了一个需要机、电良好结合的新的时期，这也就对机电设备维护维修工作提出了更高的要求。在新时期的发展下，增强机电设备维护维修与管理的力度，同时以此为基础进行一定的创新是目前企业维护维修人员需要解决的重要问题。

一、机电设备维护维修管理的主要任务

（一）机电设备维护维修质量管理

全面有效地对维护维修工作质量和维护维修对象质量的各种因素进行控制和预防，是确保维修质量的重要方式之一。

（二）机电设备维护维修备件库存管理

机电设备维护维修备件库存管理的好坏，可以对库存备件和备件短缺所导致的损失进行评判。所以说机电设备维护维修备件库存管理是一项技术性相对比较强、涉及的范围比较广泛的一项工作。机电设备维护维修备件库存的管理工作关键是将各种维护维修所需的设备零件事先准备好，从而使维护维修机电设备所用的时间减少。

（三）机电设备维护维修计划管理

对机电设备维护维修计划的编制工作要合理、科学地进行，以便确保编制的机电设备维护维修计划能够提升机电设备维护维修的有效性以及预见性。科学合理的机电设备维护维修计划不仅能够优化物力、财力和人力等资源的配置，为企业正常的生产活动提供保障，还能够有效地节省机电设备维护维修所使用的时间，将因机电设备维护维修或者停机原因而导致的经济损失降到最低。

（四）机电设备维护维修信息管理

通常情况下，任何企业都是需要对企业机电设备的信息建立相应的管理档案的，企业的管理者能够将机电设备信息作为机电设备维护维修时进行正确判断、分析和推理的重要依据。除此之外，建立健全机电设备维护维修信息管理体系，不仅有利于机电设备故障和安全隐患被及时发现，而且还能够迅速地制定有关的解决措施，从而使机电设备的故障率得到有效地降低。

二、机电设备维护维修与管理的创新措施

（一）引进机电设备故障预判技术，建立完善的监测体制

在企业的生产过程中，将机电设备故障预判技术引进到实际的机电设备运行当中，增强监测设备的引进力度，建立晚上的监测体系，实现对企业生产过程中运行的机电设备的每个环节的监测。如果有机电设备产生问题或者故障，就可以在第一时间进行停车并检修。这不仅可以使机电设备的使用寿命延长，还可以减少因为机电设备的故障给企业造成的经济损失。另外，还需要加强机电设备的维护维修力度，不仅仅对出现故障问题的机电设备进行维修，还需要对造成该机电设备问题和故障的因素进行分析研究，以便能够制定有针对性的优化和改进机电设备的措施，从而达到能够从全局上提高机电设备工作性能的要求，降低机电设备出现故障的概率。

（二）建立精细的机电设备检测系统

在机电设备维护维修与管理的工作中，要做到将机电设备检测工作的每一个工序和步骤都严格的落实到位。把机电设备维护维修与管理工作常态化，执行机电设备检测的日报、月报和周报制度，同时要对每天的数据状况及时进行整理汇报，并且以此为依据对机电设

备的状况进行合理、科学的评估，以便制定科学、合理、有针对性的养护方案。另外对机电设备的具体责任落实到人，建立负责人制度，对机电设备的零件状况、润滑情况、性能等进行定期的检查。

（三）增强机电设备的初始选型工作

做好机电设备的初始选型工作，有利于确保所选择的机电设备更与企业实际生产所需要的要求相符合。如果在企业实际的生产活动中有些机电设备不能够满足相应的需求或者存在某些先天性的缺陷，那么就需要通过检修的方法来改进和完善机电设备的有关问题，假如通过一系列的维修和改进措施都不能消除机电设备中存在的问题，就一定要对该机电设备进行替换，从而使机电设备的质量从根本上得到保障。

（四）积极推进状态维修技术

在对机电设备进行维护维修的工作中，不仅应该增强机电设备计划维修和事后维修，还应当积极推进状态维修技术。通过各种信息网络、监测传感器和故障判断等技术实现对机电设备运行情况的实时监控。在机电设备运行的过程中一旦发生异常情况，就能够在极短的时间内对所出现的问题进行诊断和分析，同时制定相应的维修措施，在第一时间安排工作人员开展维护和维修，尽量把机电设备的故障范围缩减至最小。

影响机电设备维护维修以及管理工作的因素较多，是一项非常繁杂的工作任务。因此，在生产实践中，需要把企业机电设备运行状况和突发状况综合分析，以企业可持续发展的需求为依据，对机电设备进行不断的创新与改进，使机电设备维护维修与管理的重要作用在企业的实际生产中得到充分的发挥，从而保证企业能更好地适应时代的发展。

第四节　核电设备监造中的管理创新

随着我国经济的不断增长和工业现代化的不断推进，对电能的需要量越来越旺盛，为了满足不断增长的电能需求，我国加快了电力事业建设的步伐，为了避免传统发电带来的污染问题，加大了新能源建设的步伐，尤其体现在核电事业当中，一批大容量的核电项目纷纷上马。由于核能发电的特殊性，其对安全性要求非常高，这对核电设备的建造水平提出了很高的要求，如果设备制造有瑕疵，不仅会对核电生产产生影响，甚至会带来安全隐患。为了有效提高核电设备的制造水平，必须做好设备制造过程中的监造工作。为此，本节对核电设备监造中的管理创新进行了探讨，以促进我国核电事业的发展。

随着常规能源资源的减少，我国在核电研发中，投入了大量的力量，并取得了丰硕的成果，我国的核电技术已经走到了世界先进的水平，核电建设呈现出了高强度、高难度、高要求的态势，这对核电设备的监造体系提出了更高的要求。虽然我国的核电设备监造企业已经在核电设备监造过程中，积累了大量的经验，但面对新形势，传统的监造管理方法并不能有效发挥出作用，这就要求企业要在设备监造管理中做出创新，从而最大程度保证设备的制造水平，为核电的安全和核电的发展打好基础。

一、根据新形势打造合理的监造体系

要对设备的监造实行全流程的管理。我们应该建立一种由任务输入再到结果反馈的一种闭环管理系统。监造管理人员应该根据监造的要求和设备的特点，编制合理的内部工作命令，其应该包括设备的监造清单、监造中的要点、有效经验的反馈等，最大程度提高规范化和专业化。根据设备的制造特点，制定合理的监造策划，实现对于具体供应商和具体加工设备的具体监造措施。在监造中一定要做好监造记录和对监造过程进行信息化管理，使监造计划的执行得到流程化、可视化。在监造过程中除了要注意质量问题外，还应该做好对制造技术的把关工作，避免不合理技术的使用，还应该做好对质量问题的持续跟踪，实现设备监造过程的全闭环管理。

为了保证管理工作的有效性和可靠性，有必要以业务流程为依据，为管理中每一项具体工作，都要制定合理的管理程序，管理程序应该包括设备制造监督的具体大纲、设备制造质量管理的具体程序和监督管理对管理人员的具体要求。我们应该认真确保管理中的每项工作，都应该包括在管理程序当中。这些管理程序也不应该是一成不变的，而是应该根据其实际执行情况和实际收到的效果，进行一定的调整，从而保证其可以更加有效地发挥出作用。

为了提高管理工作的质量，有必要进行管理组织的技术体系建设，制定符合监造要求的技术文件体系，包括设备专用监督计划、监督导则和内部指导指令等。其中设备监督计划，是根据监造设备的特点，而特别打造的监督策划，主要为各种监督活动的安排提供理论依据。监督导则，则是为某一项具体的制造工作，提供的具体实施监督的指导性文件，用于指导监造人进行具体的监造工作，确保其可以有效地监督作用，充分提高其监督工作的质量。内部工作指令是指监造工作执行过程中，各个管理环节之间交互的命令信息，主要包括设备部件的清单、监督要点、经验反馈等等。上述的技术文件都是监造工作开展的具体工具，能够对整个监造工作的开展，提供有效的支撑。

由于一套完整的核电设备制造，涉及的部门和人员非常多，对其制造过程的监造体系也非常庞大，这给监造管理的信息交流带来了很大的难度。为此，我们应当建立成熟的信息化平台，可以实现对监造信息的实时记录、有效收集、长期的保存，是信息发布、处理和交流的综合化平台，便于对监造信息的统一化管理，加快整个监造管理系统运转的效率，及时发现各种质量问题，及时对其进行处置，还便于进行统一信息的发布，让管理人员对管理工作进行及时的调整。当前信息管理平台很多，为了有效提高信息管理的实时性和方便性，可以造成移动终端式的信息管理平台，监造管理负责人可以很轻松通过移动网络向各管理人员发布信息，省去了统一开会的环节，管理人员也可以将信息反馈给管理负责人，让负责人及时对工作进行处理。建立网络信息管理平台的另一好处是，直接可以利用目前比较成熟的网络交流平台，如微信、QQ等，只要建立相关的信息交流群，就可以有效开展各种信息管理工作。

二、加强做好对人员的管理

对人员的管理应该实行分级、分专业授权的形式，根据核电产品的专业性质，将它们分成机械类、电气类、仪控类。根据管理人员的学历和相关经验，分别给他们授予一级、二级和三级，三级的级别最低，高级别的管理人员可以直接从事低级别管理人员的岗位，反之则不能，各类管理人员应该根据自己的专业所学，去从事针对性的监督活动。

管理人员在实际开展监造管理前，一定要对他们做好培训工作，在培训结束后，还要对他们的培训结果进行考核，对于通过考核的人员，才能发放上岗证书。证书也不是终身制的，而是每隔一段时间，都要进行重新地考核工作，考核工作过关才能够续签，对考核不过关者，应该安排对其进行再培训工作。

加强管理组织的规范化建设。要对管理人员实行制度化管理，强化他们对监督程序的学习，严格让他们按照程序来办事，规范他们监督管理行为，划定监督工作的禁区。还要定期对他们的监督管理质量进行检查，对于不重要的岗位进行半年抽查，对于从事重要岗位的管理人员，应该进行半年期的抽查工作，全面清除那些扫除管理工作中的死角，形成规范化的管理工作格局，有效提升管理组织的工作执行力。

为了有效提升相关管理人员的技术能力，应该定期对管理人员实行技术培训工作，培训内容的安排要根据从事人员的工作性质而定，并根据技术的革新，进行定期的培训内容升级工作，为了提高管理人员的综合素质，除了培训一些必要的业务技能外，还应该教授他们一些安全文化、项目管理、质量管理、商务英语的相关知识，从而使他们在开展业务工作时，可以更加得心应手。

为了提高管理人员的工作积极性，还应该做好对他们的工作评估工作，根据其平时的工作业绩和工作表现，对他们的工作质量进行客观的评价，对于工作表现良好者，应该给予一定的奖励，并大力宣传其优良的工作经验，从而让其他管理人员进行效仿。对于工作表现不好或者出现工作重大失误的人员，应该对其进行奖金处罚等。通过赏罚分明的评估体系建设，可以对员工的工作进行良好的指导，提升员工在工作过程中的积极性。

三、做好风险防范

应该根据管理工作的需要，成立专门的风险防范小组，提前预测在设备制造过程中可能出现的质量风险，并制定好相应的对策，最大程度降低质量问题发生的可能，为了避免质量事故的发生，该小组还应该负责对相关制造人员进行技术指导工作，让其明确零件加工和装配中存在的技术难点，以及和他们详细讨论该如何有效应对这些难点。

强化对异物的防范工作。由于核电设备的特殊性，对制造零件的纯净度要求特别高，因此对设备的异物检查非常重要，如果设备出现了异物，甚至会直接威胁整个核电工程的安全。为了有效防止异物的产生，一定要在设备制造的关键点，安排异物检查站，对设备的异物情况做全面的检查，并认真填写异物检查表，如果发现异物，不能简单处理了之，而应该详细调查异物存在的原因，并采取针对性的解决措施，从而最大程度避免类似情况的发生。

建立有效的经验反馈系统，并将经验反馈具体落实到每个零部件上，并提出具体的落实要求。每个月都要对管理过程中的经验进行反馈总结，对监督执行情况进行有效的总结，从而使经验反馈工作真正发挥出作用。要定期对各种质量管理问题进行总结，并召开质量管理经验交流会，在会上可以根据平时工作中出现的质量问题，进行深刻的讨论，寻找出避免类似质量问题产生的对策。

四、当前核电设备监造监督的有效成果

通过对监造体系的建设、加强管理人员的管理和在监造管理中采取的一系列创新措施，这使得本企业的核电设备监造管理工作取得了良好的成绩。本节在质量管理中发现的问题已经比往年提高了三成以上，发布的质量管理意见也比往年增加了近两成，核电设备的质量检查通过率也有了很大程度的增加，由此可见，核电设备质量趋势有明显向好的趋势。但是在质量监造管理中也发现出了一些问题，虽然质量问题检出率有了很大的提高，但出现的质量问题主要还是集中在一些加工质量难度较高的项目中，由此可见，监造过程中的技术指导工作，还是没有完全做到位，这需要我们对重点加工难点进行认真的研究，提出有效的改进对策，从而有效降低该类集中质量问题的发生率。

由于核电的特殊性，对核电设备的制造质量提出了很高的要求，为了避免质量问题的发生，要求我们加强做好核电设备的监造工作。为此，应该根据核电设备的制造特点，打造专业的监造组织体系，并在管理措施上做好创新工作，最大程度保证核电设备的制造质量，避免出现质量问题。

第五节 机械设备技术管理的创新

国际贸易的不断发展促进了港口贸易的有效发展，逐步成为中国经济的重要组成部分。但与此同时，导致港口的运输量得到显著的增加，为了更好地符合社会发展的需求，因此需要对其进行科学管理。在此背景下，本节研究了港口机械设备的技术管理和创新，以及对港口机械设备技术管理现状与港口机械设备技术创新战略进行研究。此次研究的目的是明确港口机械设备技术管理的创新与实践的重要性，以此来保证港口机械设备技术创新战略得到有效实施，进而促进了港口贸易产业的可持续发展。

经济的发展带动了科技的不断更新和进步，各种机械设备由机械化向自动化进行转变，港口机械设备是确保港口货物运输的工具。因此，有必要更加注重港口机械设备技术管理的创新。港口机械设备技术管理的发展由三个主要阶段构成：依靠经验和专业知识来判断设备管理；用科学技术手段对设备进行管理；机械设备智能化管理阶段。本研究对丰富港口机械设备技术管理创新与实践的知识具有重要的理论意义。对指导港口机械设备技术管理创新战略的有效实施具有现实指导意义。

一、港口机械设备技术管理发展史

从港口机械设备技术管理的发展历史来看，它可分为三个主要阶段：在第一阶段，它主要依靠经验和专业知识来判断设备的管理。第二阶段，利用科学技术手段对机械设备进行管理，例如将互联网技术和大数据技术等引入管理，使该阶段的管理具有科学性的特点；第三阶段，将机械设备由机械化管理向智能化管理转变，利用互联网技术来对机械设备的故障进行检测和分析，从而达到设备控制智能化和一体化的效果。

二、港口机械设备技术管理阶段

当下，机械设备技术管理是处在第二阶段，主要依靠互联网技术以及大数据技术来完成，并且需要各个部门之间的联系和配合更加的紧密，积极管理设备技术，使港口运输业得以有效发展。由传统人工管理方式向信息化方式逐渐转变，这样可以促使技术管理水平得到有效的提升，与此同时，也是可以推动港口贸易发展的重要措施。

三、港口机械设备技术创新策略

（一）利用振动技术进行管理

创新技术手段有利于设备的管理，同时可以有效提高设备的效率。对港口设备进行监控，从监控数据中可以得出设备中存在问题的结论，因此需要对其进行必要的完善。机械振动技术的引入可以有效地监测设备的参数，对监控中获取的参数进行分析整合，从而获得技术相关的参数，为设备进行综合分析提供数据支持，进而保证数据综合分析的正确性。除此之外，振动技术的特殊属性使其设定的参数都相对简单，并且设备的磨损情况可以为设备数值参数的有效判断提供基础方向和保障，以此来达到使港口机械设备得到不断优化的目的。

（二）依靠磨削检测技术进行管理

机械设备技术管理的手段之一是磨削检测，磨削检测的主要功能之一就是从多种技术角度来分析设备使用情况，从而对设备的基础情况了解的更加充分，并且可以使设备的技术管理得到有效的创新。磨削技术效果应用于机械设备的润滑和液压系统中可以得到充分的体现，并且磨损方式和磨损速度可以对设备的工作状态进行充分的体现和反映，从而得

第四章　设备管理创新研究

到不同设备投入使用后的差异，以及可以对磨损部位进行更加准确的判断。除此之外，对需要更换的设备进行精准的靶向定位，从而使机械设备的技术水平得到有效的提高。与此同时，为设备的技术创新打下夯实的基础。

（三）使用温度检测技术进行管理

使用港口机械设备在作业时，由于工作环境和机械状况会存在差异，从而使得温度的产生具有一定的差异性，甚至相同一台机械设备在进行物理物业时，其不同位置之间的温度也会存在差异。因此，通过有效地检测设备的温度，可以获得设备的技术参数，从而有效地确定设备的工作状态，并且可以根据设备的技术参数进行技术创新方案的定制。例如：红外线技术被应用于远距离的温度测量之中，通过测量的结果就能够进行技术的改革和创新，或者无线温度测量技术可以应用于港口机械设备的检测，以此来达到提高测量精准度的目的。

（四）制定抢修预案和更新技术

为了保证设备满足装卸生产的需求，需要制定相关的抢修预案，以此来保证机械设备出现问题时，可以在第一时间内得到有效解决，并且将影响控制在最小范围内。制定的抢修预案中，需要对抢修的条件、抢修人员的职责等进行明确的规定，从而使抢修机械设备的质量和及时性得到有效的保证。除此之外，需要对技术进行不断地更新，从而使其更加符合实际需求，例如：可以利用触摸屏来代替传统形式中的控制面板和键盘，这样第一可以实现对系统内门机进行监控的实时性和实效性，第二种是通过文字，图形，曲线等显示门机的运行状态。第三种是使门机的电气故障诊断具有智能属性。维修人员可以通过智能化界面来获取设备故障的信息和状况，从而为复杂电气故障的有效解决提供便利性。

四、港口机械和设备技术管理的创新解决方案

（一）技术创新模式

港口的特殊属性使港口机械和设备类型种类繁多，大型设备种类繁多，操作过程相对分散，小型设备和大型设备之间存在很大差异，小型设备的数量和需求量很大，并且流动性相对较大，所以对其进行技术创新时，需要在其特殊属性的基础之上，来对其技术创新模式进行改进，这样的差异化创新处理可以使方案更加的完整化和合理化。

技术创新是以创新和管理机械设备的性质和工作环境为目标而提出的，从而更有效地保证其运行要求。在技术创新过程中，有必要考虑设备的各个方面，不仅要考虑设备的结构裂缝，还要考虑电气系统等。此外，还应该考虑传感器系统和液压传动系统，通过对各个方面的严格检查和管控，可以对设备中的问题和隐患及时做出应急措施和解决方案。除此之外，需要对技术创新计划进行不断完善和改进，使其得到不断的更新完整，为设备的安全运行奠定了基础。

（二）技术创新的实施方案

对港口机械设备进行技术创新的时候，关键性步骤是从设备的液压系统入手。通过合理科学的测试，为动力系统各项指标的合规性提供保障。机械设备技术创新的核心保障环节是动力系统的创新，其可以引发蝴蝶效应，从而促使整个设备技术创新的进行和完成。与此同时，对机械设备来说，长时间的运转使其存在液压系统动力不足的情况，因此，有必要采用技术创新和参数优化的手段，为实现液压系统技术创新提供保障。例如：油箱中的油量控制是大型液压系统进行技术创新的难点和重点，油量控制的好坏对其技术创新其决定性的作用，所以合理化的设计液压控制管对液压系统非常重要，成为其首要步骤，然后使用动态监测系统检测设备中的燃料量，以确定空气是否掺杂，这可以为设备的液压系统更正常运行提供保障。除此之外，动态监控系统在液压控制管的堵塞现象以及控制系统的延迟情况的判断方面起着重要的保障作用。

（三）完善港口设备技术管理体系

在港口设备综合管理过程中，有必要对各项规章制度进行必要的改进，为更好地完成港口设备维护任务提供保障。港口设备的技术创新是一个复杂而系统的工程。但良好制度的建设可以更好地解决港口设备种类多、管道线路长、机器体积大、专业性强等问题，从而可以更加顺利地进行技术创新，进而使得港口设备技术水平得到显著的提升。例如：相关企业可以在各个部门抽调人员来组成监察小组，对设备综合管理进行监管，对存在的问题进行及时的发现和解决，这将为显著提高设备管理的整体质量奠定基础。

五、完善港口设备技术综合管理

（一）港口设备技术改造创新

通过对港口设备进行技术改造，实现技术创新和提高设备性能，在提高设备利用率方面具有重要意义。港口设备在运行过程中需要执行必要的功能，使本地功能逐步达到新设备的技术水平。自动化控制在港口设备技术改造过程中发挥着重要作用，反过来，港口的经济效益和社会效益也得到最大化的体现。除此之外，港口自动化水平得到有效提升之后，可以有效带动智能化水平的快速发展，从而使得港口智能化管理进程得以提前，进而更好地满足每个设备性能最大化的发挥、提高设备运行效率的目的，为设备创造良好环境，更好地服务于港口经济。当经济发展和设备技术创新相互联系和影响时，可以更好地为港口设备运行提供服务。

（二）完善港口设备技术创新管理

港口设备技术创新管理的目的是使设备更加高质量地工作，从而提高其运行效率。技术创新管理需要将重点放在产品质量，成本质量等因素上，这为设备的综合技术服务提供了保障，从而使设备的输出更符合港口业务目标的要求。另外，需要将生产当作设备技术管理的中心，确保技术可以为生产更好地提供服务，因此需要对其进行强化管理，为了达到设备技术管理现代化的目的，并为港口的发展提供必要的先决条件。此外，港口设备技术创新管理还需要更加注重维护系统，并对设备进行定期技术测试，以确保其符合相关的制度标准。并确保各系统的有效实施，为实现科学的港口设备管理奠定基础。

由本节的论述可知，通过对港口机械设备技术管理进行创新，不但可以为港口的吞吐量提供保障，它还可以使港口机械设备处于安全稳定的工作状态，大大提高了运行效率。因此，本节提出了港口机械设备技术创新战略的几项措施：利用振动技术进行管理、磨削检测技术在管理中的应用、使用温度检测技术进行管理、制定抢修预案和更新技术。希望此次的演技内容和结果可以得到相关企业负责人的重视，并在以后的实际工作中，根据企业或行业自身特定属性来对其进行创新应用。

第六节　油气田设备管理模式的创新

作为油气田企业生产管理的重要组成部分，油气田设备管理的质量不仅直接关乎油气田企业生产的质量与效率，也会对企业运行成本和核心竞争力产生重要影响。本节从油气田设备管理模式的创新必要性入手，提出了一些切实可行的创新策略，希望为国内油气田企业发展提供一些帮助。

随着国内石油需求量不断增加，国内石油企业之间的竞争愈发激烈，越来越多石油企业开始加快更新自己的生产设备，转变自己的油气田设备管理模式，力求达到加快企业生产这一目的。部分油气田开始关注设备管理模式的创新发展，从最初的设备维护与事后维修模式逐步向定期设备维护和事故防范模式转变，取得了理想成效。

一、油气田设备管理模式的创新必要性

（一）有助于提升设备管理效率

随着信息技术的发展，数字化信息处理方式和智能化数据管理模式使得油气田设备管理人员可以便捷地对相关设备的信息进行记录、查找和处理，大大减轻了他们的工作负担，提升了设备管理的效率。与此同时，借助网络媒介，可以广泛共享油气田设备的信息，可以更好地对油气田设备之间的关系进行梳理，从而可以为使用和配置油气田设备提供科学的依据，增强了油气田设备管理的计划性与目的性。

（二）有助于降低设备维管成本

在新的油气田设备管理模式下，越来越多油气田企业开始将可视化管理理念和技术纳入到油气田设备管理体系中来，可以大大增强油气田设备的维护和管理的实效性和计划性，

降低设备检修和维护工作的成本，更为重要的是可以显著降低因油气田设备质量问题或操作问题所造成的事故发生率。

二、油气田设备管理模式的创新对策

（一）科学配置设备管理人员

油气田企业能否高效发展离不开全体管理人员业务素质的提升。同理，油气田设备管理工作质量的高低也取决于相应管理人员业务素质。在油气田企业进行生产的时候，会对其生产设备进行不断更新，这势必会使得设备管理内容和策略方面存在一些差异性，所以在更新企业各种生产设备的同时，也需要结合油气田设备的实际情况，重新配置这些生产岗位上的管理人员，这就需要油气田企业结合油气设备运行特点，选择出管理素质和能力可以胜任管理工作岗位需求的管理人员，确保可以做到最大化油气设备管理的适宜性。另外，在没有更新油气田生产设备的情况下，考虑到油气田设备管理方面的知识体系也在持续变化和发展，所以需要注意对全体油气设备管理人员的管理知识和技能进行定期更新和完善。比如，油气田企业可以定期组织全体设备管理人员开展教育培训，向他们介绍当前行业内最为先进的管理理念，尤其是要着重讨论和解决当前企业设备管理人员的知识薄弱环节或意识不准确的知识带，然后再根据全体设备管理人员的学习情况，对它们的岗位进行科学调配。

（二）强化设备的信息化管理

随着信息技术的推广和普及，越来越多行业开始引入和应用信息技术，借此来推动行业技术的变革。同理，信息技术在油气田设备管理领域中的引入，为油气田企业设备管理模式带来了革命性的改变。从最初引入信息技术到现在油气田设备信息化管理技术已经日趋成熟，相关的信息化管理体系也越发完善，为新时期油气田企业开展设备管理提供了很大帮助。在这样的背景下，油气田企业需要充分利用当前行业内先进的信息化管理理念和技术，对企业的设备信息化管理系统进行不断改进和完善，确保可以更加高效、准确地采集、记录和传递油气设备管理信息，尤其是可以实现对某油气设备从投入生产到退出的整个生命周期的运行数据和信息进行有效汇总，同时也可以实现在油气设备管理信息体系中共享各种油气设备的运行状态，从而可以方便油气田企业中相关部门的查询和调用。另外，油气田企业要注意不断更新和完善油气设备管理工作，确保可以在相关方面提供可靠而强有力的技术支持，切不可因为缩减油气设备管理成本而不重视对油气设备管理信息化系统的更新、升级和维护，否则势必会严重限制油气田企业的发展。

（三）推广设备的可视化管理

自上世纪初期日本将可视化管理方式引入流水线生产中以来，可视化管理模式已经在众多领域中得到了推广与应用。近年来，我国国内许多油气田企业在油气设备管理工作中也逐渐开始引入与应用可视化管理，取得了良好的成效。虽然通过在油气设备管理中应用信息化管理技术后，可以大大提升其设备管理水平，但是依旧无法彻底解决油气设备操作人员操作失误所造成的设备运行故障问题。从本质上来讲，因为油气设备操作人员失误所造成设备故障问题的主要成因在于员工缺乏设备管理方面的基本知识，操作规程不熟悉，以及没有正确的生产工艺认知或工作态度不积极等。针对这种情况，如果可以在油气设备管理中推广和应用可视化管理，那么可以以图文并茂的方式来分解开油气设备管理工作，并在相关设备附近进行展示，这样可以直地展示出油气设备管理的具体过程，有助于使油气设备管理人员非常容易得了解到相关油气设备操作和维护工作的流程和要领，有助于降低油气设备操作失误所造成的设备运行故障问题发生率。与此同时，油气田设备管理单位可以为全体管理人员提供可视化操作规程，使他们可以掌握设备检查、维护以及操作等相关规程，这样可以大大降低油气处理设备故障发生率。

总之，油气田设备管理模式的创新是降低油气田企业设备管理成本，提高其生产效益的必然选择。为了有效地提升油气设备管理有效性，必须要立足于油气田企业生产实际，不定期对设备管理人员进行科学配置，同时还要注意引入和应用信息化管理技术和可视化管理等先进管理技术，确保促进油气田企业的健康发展。

第七节　创新多媒体设备管理新模式

基于多媒体设备在教学中的使用现状，分析多媒体设备管理、维护的演变过程，结合北京京北职业技术学院自身管理、使用模式，提出开放式点状多媒体设备管理新模式。

在职业教育推进教育内容、教学手段、教学方法的改革进程中，信息化建设是改革的助推剂，多媒体设备已应用于教室、实验、实训场地，高效发挥多媒体设备的作用，促进教学活动的开展，如何使用、管理、维护多媒体设备，成为学院教学改革的课题之一。

一、学院多媒体设备使用、建设现状

（一）建设现状

受招生计划的扩大、财政支持等众多因素的影响，多媒体设备呈现爆发式增长。由2007年主教学楼2个多媒体教室，到2017年2月，增加到大教室多媒体设备、实物展台46套，达到100%，实训室（实训场地）小教室、自习室68套，占90%，硬件方面由最初的单纯投影演变为投影、音响、展示、电子白板综合控制一体化。总之，多媒体设备无论数量、质量都呈现快速发展趋势。

改善教学环境，提高了教学效果，从另一方面，多媒体设备增多，占教室数量也同时增多，地理位置的分散，给管理、维护、维修带来新挑战，怎样管理使用这些设备构成学院教学改革的一部分。

（二）多媒体设备运营模式的演变

多媒体设备的使用促进了教学方法的改革，管理模式取决于多媒体设备数量、位置、技术手段及管理手段。多媒体设备使用之初，不仅数量少而且相对集中，因此，采用封闭式管理方式，将多媒体教室锁闭，用则打开的全封闭状态。随着教师使用多媒体技术的不断提升，封闭式管理模式严重滞后，开放式管理运营模式已成必然的选择。

二、创建开放式多媒体设备运营管理新模式

多媒体教室不仅是学生上课的场所，也是辅助学生社团活动、会议等非教学使用的场所。创建开放式多媒体使用管理模式主要体现在设备开放、时间开放、管理方式开放。

（一）设备使用模式开放

打破传统管理员统一开关多媒体方式，建立班级多媒体管理员制度，一点对多点的点状式管理，即每班设置2名管理员，负责日常管理、简单维护、报修，并为任课教师提供服务及技术支持，每月由管理教师、学生电脑社团负责培训班级管理员，例如，对于电子白板的使用，为了发挥其功能，进行了多次使用操作演示，使得多数任课教师可以利用电子白板屏幕批注、拖拽、插入、链接、过程录制和过程回放等功能，电子白板变成师生交互的平台，实施班级多媒体设备管理员负责制，实现多媒体设备完全开放。

（二）使用时间自由开放

实现日常教学为主、学生活动使用为辅的教室功能，让教室资源和功能效率最大化，多媒体设备、教室全天候开放，使多媒体教室成为物尽其用、人尽其力的教学载体。

（三）多媒体设备设计的开放性

多媒体设备安装在中控机柜内，机柜作为智能讲台，通过中控控制面板、鼠标、键盘进行操控，操作便捷，体现了管理的开放。

三、创建多媒体设备管理、维护、维修新模式

（一）多媒体设备管理新模式的创建原则

显示、音响、电子白板、展示和操控系统技术成熟稳定，任课教师、学生均可操作，触摸屏操作便捷，维护快捷，能迅速解决使用中出现的问题，经济实用、耐用。

（二）创建多媒体设备保障体系

1. 维护、维修体系的建立

开放式管理，使设备使用频率高，导致设备使用时间增加、故障增多、人为损坏等。实施班级管理员责任制，即一名负责日常管理，另一名负责简单维护、维修及大故障的报

修，故障上报后由管理教师及专业技术人员负责维修解决，形成了小故障课上、班内解决，大故障院内解决的快速解决机制。

2. 安全是实现管理新模式的保障

多媒体设备中任何设备的损坏和丢失都将影响教学的正常开展，安全保障措施是实施开放式管理的首要任务，具体体现在教室、多媒体设备管理与辅导员、管理员、监控室形成联动机制。

3. 制度是实施开放式管理的法律保障

开放和封闭是相辅相成的，切实可行的制度能够有效约束使用者的使用，实行责任制后，一旦设备运行出现故障、丢失等，能够追究到责任人，即有人担责。尤其在教室自由出入、设备自由使用开放式多媒体管理模式下，制度能够约束使用者合理、规范使用，同时对管理者的约束能够保障多媒体设备的正常使用。

多媒体设备管理模式的创新，实现了设备价值的多样化，同时解决了人力成本，真正体现了服务师生一线教学。

第八节　高速公路机电设备创新管理

近些年，快速发展的科学技术极大地推动了高速公路现代化建设，同时相应机电系统中所涵盖的设备种类和数量均不断增多，这在提升公路现代化水平的基础上，也增加了机电设备管理的难度。传统的管理方法已经无法适应新形势下的管理需求，所以创新其管理方式刻不容缓。本节着重就如何提升高速公路机电设备管理效率提出了一些创新策略，以期为公路现代化建设提供理论指导。

在高速公路网日臻扩大和完善的今天，机电设备系统已经成为高速公路管理中不可或缺的组成部分。特别是随着科学技术日新月异，机电设备系统越发繁杂，同时其中所涉及的机电设备数量和种类也越来越多。此时如果继续采用传统的人工管理方式，那么不仅会影响机电设备管理的质量和效率，也会耗费大量的人力资源，增加管理成本。因此，创新传统的机电设备管理方式具有重要的意义。

一、高速公路机电设备管理现状

（一）维护管理流程不合理

在当前的高速公路机电设备管理过程中，大多数管理单位通常均是本着"重建设、轻管理"的思想来践行机电设备管理行为。而这种粗放、简单的管理流程也在一定程度上增加了相应管理工作的难度，尤其是随着现代化高速公路建设的发展，高速公路建设中所涉及的机电设备数量不断增加,相应的管理系统繁杂度也逐渐增加,以至于不合理的维护管理流程进一步制约了机电设备管理质量和效率的提升。

(二)信息化管理建设不足

在信息技术快速发展的背景下,加快行业和互联网等信息化技术的结合已经成为新形势下机电设备管理工作实现突破发展的重要条件。特别是当前我国正处于经济新常态的关键改革时期,市场竞争越发激烈,为了满足管理的效率化和智能化,就必须要加强信息化管理建设。然而,当前大多数的高速公路管理部门却依旧采用人工管理的方式来进行管理,以至于机电设备的故障信息和运行数据等信息得不到及时有效地处理,从而影响了管理的质量和效率。因此,加强机电设备信息化管理建设力度刻不容缓。

二、高速公路机电设备创新管理策略

(一)规范维护管理的流程

科学、合理的维护管理流程是提升机电设备管理质量的重要条件,同时也是践行创新管理理念的重要途径。而就规范机电设备管理流程的具体手段而言,主要包括:其一,要创新管理模式,除了需要践行传统的自身维护模式之外,还需要根据企业自身的经营情况、技术资源和管理机构来采用针对性的维护管理机制,以便在确保维护和管理质量的基础上,提升机电设备管理质量。其二,要建立健全机电设备管理流程,以便可以借此来规范相关单位的行为,提升他们管理的质量。其三,要提升管理人员的整体素质,以确保他们可以胜任机电设备的相关管理工作,避免因责任或者能力不合理所引发的管理问题。如此一来,借助规范化的维护管理流程来全面提升机电设备管理的质量。

(二)加强信息化建设力度

在互联网迅猛发展的今天,各行各业均加快了信息化建设,并取得了优异的成绩。为了突破高速公路机电设备管理中的瓶颈,就必须要加快机电设备管理的信息化建设力度,以加快机电设备管理接轨互联网,从而实现机电设备管理的智能化和效率化。而就信息化建设的具体策略而言,可以从以下几个方面来着手努力:其一,要合理引入智能化控制技术、自动报警系统、网络技术和电子电工技术等科学技术,以实现机电设备管理系统的智能化管理,提升管理的质量,降低管理人员的工作量。其二,要加快互联网平台建设,尤其是要做好交通系统网的布设工作,避免不合理的系统结构所带来的一系列质量问题。其三,要积极引入一些现代化信息技术人才,并且要定期在企业内部召开一些与信息化管理有关的培训会,从而不断提升管理单位的信息化管理水平。如此一来,也可以为高速公路现代化建设奠定扎实基础。

(三)创新监督管理的模式

在传统的高速公路机电设备监督管理中,大多数的公路管理部门主要采用聘请监理部门来进行监督和管理。但是在实际的工作过程中，监理人员可能因自身存在懈怠、疲惫等主观因素，又或者存在贿赂等客观因素而在实际的监督工作中出现监督不力的问题，以至于影响了实际的机电设备管理质量。因此，除了上述两种策略之外，还需要创新监督管理的模式，从而充分确保相关的管理者可以严格按照有关的管理要求和标准来践行监督职责，确保相关的管理者可以严格按照有关的管理要求来进行管理，以不断提升公路机电设备管理的质量和效率。

总之，随着通信技术和智能控制技术等科学技术的快速发展，机电设备系统的自动化和智能化程度不断加深，同时相应的管理难度也日益增加。因此，为了有效地提升机电设备管理的效率，就必须要在充分解决当前机电设备管理中存在各种问题的基础上，变革、改进和创新传统的机电设备管理方法，从而为我国高速公路的现代化建设奠定扎实基础。

第九节　配网设备材料质量监督管理的创新

本节结合国内配网设备材料质量监督管理的现状，详细介绍了国网湖北省电力有限公司（以下简称"湖北公司"）创新开展配网设备材料质量监督工作的要求和具体措施，为广大设备和材料供应商了解湖北公司关于物资质量监督工作最新的质量管控策略，制订有针对性的质量改进措施，不断改进质量管理和售后服务水平，提高电网物资的可靠性起到了很好的促进作用。

电网是重要的能源网络设施和电力配置平台，是能源生产和消费的枢纽。配网则是处于电网的最末端，如同电网的毛细血管，直接联系着千家万户。配网设备材料是城市配网、农村电网等国家电网建设项目的基础，其质量直接关系到设备材料的使用年限和电网系统的安全稳定。配网设备材料的质量监督管理是指按照设备全寿命周期管理要求，从设备材料选型、招标采购、生产制造、安装调试、运行维护到退役报废全过程进行监督管控。质量监督管理的主要措施是通过加强监造和抽检，对设备材料质量问题实行闭环管理，从而落实业主单位的质量监督责任，引导供应商重视产品质量，不断改进质量管理及售后服务水平，提高配网设备材料的可靠性。

一、配网设备材料质量监督工作现状

从 20 世纪 90 年代开始，我国实施了大规模的城农网改造（俗称"两网改造"），经济发达地区的"两网改造"甚至推进到了第三、四轮。大规模的"两网改造"自然需要大量的设备材料。一时间，良莠不齐的生产厂家纷纷抢割这块蛋糕，配网设备材料的鱼目混珠，泥沙俱下，给城农网的安全运行带来了很大的隐患，同时也给配网设备材料的质量监督工作带来了很大的挑战。

据统计，近年来，因设备质量问题导致的电力安全事故占到了整个电力安全生产事故的30%以上。2015年上半年，全国配变产品抽检合格率仅为79.9%，远低于国家产品质量监督抽查合格率90%的平均水平。合格率的降低，不仅折射出国家电网建设项目质量安全的隐忧，也为电网设备行业质量安全敲响了警钟，反映出制造企业主体责任意识不强，电网设备材料质量安全监管体系有待完善。鉴于此，2015年9月，为保障国家电网建设项目质量安全，国家质检总局产品质量监督司会同中国水利电力质量管理协会（全国电力设备质量管理工作网）、国家电网公司物资部、南方电网公司物资部等部门正式启动了以变压器、箱式变电站、电线电缆、金具、绝缘子等21类电网常用设备材料产品为重点的电网设备材料质量监督行动。对中标生产企业在质量管理、质量诚信及自律情况，检测机构检验能力保持及检验工作规范性情况等进行监督。

2016年8月，为了进一步推动电网设备材料质量提升，国家质检总局办公厅发布了《关于电网设备材料质量监督行动有关工作情况的通报》和《关于对电网设备材料质量监督行动发现问题企业和检验机构开展专项监督检查的通知》。质检总局组织中国水利电力质量管理协会联合国家电网公司、南方电网公司，会同有关省级质量技术监督局对相关检测机构和电力设备制造企业进行了专项监督检查。并于2016年12月发布了《关于对电网设备材料质量监督检查有关情况的通报》。

作为使用配网设备材料最大的用户，国家电网公司历来高度重视物资质量监督工作，始终将质量、安全作为电网发展及公司发展的第一要务，对配网设备材料的质量监督管控采取高要求、高标准。国家电网公司的物资质量监督工作遵循"依靠业主单位、联合专业部门、突出生产厂家"的原则，建立健全物力资源质量管理体系，强化监造、抽检能力建设，拓展物力资源质量监督深度和广度，加强物资采购全过程质量监督，深化供应商关系管理，提高入网设备质量，确保主要设备完好投运，为电网安全稳定运行提供产品质量保证。

二、湖北公司的创新与实践

"十三五"期间，随着电网投资规模，特别是配网改造投资持续加大，为进一步加强物资质量监督管理，强化物资质量安全，引导和促进供应商进一步提升产品质量，为电网建设、安全稳定运行提供坚实的物资保障，湖北公司以问题为导向，针对物资质量管理中暴露出的一些突出问题，创新物资质量管理思路，相继推出了一系列以加强物力集约化管理为主线，夯实基层基础，突出目标和问题导向，强化物资质量和供应商管控的新举措，拓展了物资质量管理的深度和广度，深化供应商关系管理，取得了较好效果，得到了国家电网公司的充分肯定。

（一）制定年度物资质量管理对标指标

在公司系统内开展物资质量管理同业对标，其结果直接与各地市供电公司的年度业绩考核挂钩。制定了物力管理对标指标，从"计划管理、协议库存及电商化管理、合同管理、集中采购、技术标准应用、物资合同履约、仓储物流基础管理、物资质量管理"等8个方面对考核指标进行了细化。

湖北公司通过不断优化物力管理对标指标，发挥对标引领提升作用，将年度重点工作、关键业务及专项行动检查结果与对标考核联动，促进了公司物力集约化管理水平的持续提升。

（二）加强物资到货验收的严肃性，切实把好到货验收关

组织物资部门、施工单位、监理单位及供应商进行开箱验收，对容易出现不满足标准和反措要求的关键设备及组件如互感器、断路器、开关柜、套管、电缆及附件等，还需要通知运行检部门派人参加，并签署到货通知单。

（1）验收过程中要检查装箱单、合格证和出厂报告三证是否齐全；检测产品外观，清点数量，核对实物与装箱单是否一致；实物与物资合同供货清单是否一致；核对型号、规格、技术参数等是否符合合同有关内容。

（2）现场验收过账中发现的问题，由物资部门要求供应商即时整改，进行修复、换货、退货等处理。对于型号、主要组部件、元器件与合同或招标文件约定不相符的物质，予以拒收；无标示或标示不清的物资，一律拒收。

（3）加强重点、大型物资的出厂验收，由各地市供电公司组织物资、运检等部门，选派具有丰富经验的专家团队，对供应商主要原材料和重要组部件的检测和加工、关键生产工艺、生产环境、试验条件、出厂试验等各环节进行监督检查，不满足要求的及时通知供应商进行整改并停止发运。

（4）未到货物资不得办理到货验收单，未签署到货验收单的物资不得安装使用。

（三）加强全省物资质量检测能力建设

按照《国家电网公司关于加快推进电网物资质量检测能力标准化建设的通知》要求，湖北公司相继成立了三级检测中心：依托省电科院的省物资检测中心、4个区域检测中心、地市物资检测中心。并结合本省的实际情况，由省公司物资部组织省物资公司质监部及三级检测中心负责人及相关检测人员，参加公司物资质量检测能力建设讨论会，制定了公司物资质量检测能力2017~2019三年建设计划，明确了各级物资检测中心检测能力建设的时间节点及等级要求。

（四）优化抽检策略，规避抽检风险，确保配网物资质量抽检全覆盖

抽检是配网设备材料质量监督管理的重要抓手。为了提高抽检的有效性，湖北公司落实配网物资"全检"要求，强化抽检规范性管理，不断优化抽检策略，规避抽检风险，确保了配网物质质量抽检的全覆盖。

（1）提升物资质量检测能力。通过定点采购，选择具备检测资质的10家第三方检测机构开展物资质量检测，检测能力涵盖国家电网公司要求的所有试验项目。

（2）创新物资质量抽检模式。重点突出物资抽检的随机性和盲样性。由指标计划模式调整为随机抽检模式，弱化抽检物资的计划性、注重抽检随机性；完善了"盲样"管理制度流程，以前流行的做法是"单盲样"抽检方式，即封样盲样，该方式虽然避免了来自厂家送样的风险，但没能规避检测机构的风险。国网湖北省电力有限公司对送样抽检的物资推行"双盲样"抽检方式。双盲样即为：封样盲样、检测盲样；封样盲样由送样单位实施编号，检测盲样由检测单位实施编号，收样人员与检测人员分开，保证送检单位及检测人员不知道样品来源和供应商，阻断抽检样品信息泄露渠道，规避修改试验数据风险。全面开展不定期专项抽检。在各地市供电公司随机抽检的基础上，省公司以问题为导向，不定期开展配变、架空绝缘线、电力电缆、水泥杆、铁附件等农配网物资专项抽检活动，确保各地市供电公司专项抽检工作成效。

（3）对配变、架空绝缘线、电力电缆、配电箱、水泥杆、铁附件等农配网重点物资严格按照四个"百分之百"（即：全部中标批次、全部中标供应商、全部物资类别、全部到货批次）实施抽检，抽检的试验项目包括主要的例行试验、型式试验项目。

（4）对其余协议库存分配的物质，在满足"招标批次、供应商、物资类别"三个"百分之百"的基础上，每季度都要开展到货物资抽检。增加部分型式试验及特殊试验项目作为检测项目。

（5）对于在抽检过程中发现质量问题2次及以上的供应商，加大抽检比例和处罚力度，引导和促进供应商进一步提升产品质量。

湖北公司新的抽检策略概括来说就是：随机抽检与专项抽检相结合，改"单盲样"为"双盲样"，重点物资四个"百分之百"。

此外，为持续拓展抽检工作的广度、深度，突出随机性，确保全覆盖，湖北公司组织经验丰富的专家，结合近几年来配网设备材料发生的故障和隐患情况，分析了具体原因，修订了《设备材料抽检定额、设备抽检现场取样及送样要求及设备材料抽检项目》对配变、架空绝缘线、电力电缆、配电箱、水泥杆、贴附件等27种设备材料的抽检定额、抽检取样及送样要求及设备材料抽检项目，进行了明确的规定统一，突出型式试验、特殊试验项目的考核，提升抽检质量和成效。

（五）加强抽检工作的检查与考核力度，提升抽检工作质效

湖北公司在每批次招标采购结束后，即开始设备材料的抽检，并由所属物资公司或地（市）公司物资供应中心组成抽检巡检小组，重点检查各单位抽检完成情况、抽检规范性、数据统计分析情况及质量问题处理。巡检采取不提前通知、不定期的方式进行，每季度至少开展一次。巡检结果纳入到对各地市供电公司年终同业对标"物资质量管理完成率"考核指标中。通过巡检工作的开展，进一步明确了物资质量痕迹化管理的工作目标，加强了抽检工作的检查与考核力度，明晰了物资质量监督的工作内容及工作方法，为提高物资质量监督工作质效奠定了良好的基础。

（六）完善产品质量问题处理手段，强化质量问题闭环管理

湖北公司制定了《供应商产品质量问题处理的联动机制》，旨在加强两个协同、建立健全两个联动机制，强化设备质量问题闭环处理，加大供应商产品质量问题的处理力度，规范各地市供电公司对供应商的处理行为，督促供应商在规定的时间内完成整改，引导供应商提高产品质量。

（1）加强与安质、运检、基建等部门及专业机构的沟通与协同。针对发生的设备故障，及时会同项目单位及专业部门等约谈相关供应商，共同分析原因，制定整改措施，并督促供应商整改落实，确保质量问题得到快速解决。对发现的设备质量问题，特别是家族性缺陷，要反映在供应商的绩效评价中，严重的设备质量问题，要及时将供应商的不良行为报送国网总部或省公司，形成与招标采购的联动机制。

（2）加强物资部门履约、质量监督、协库分配、结算、采购等业务协同，对供应商的产品质量问题，严格按照合同约定，采取暂停协库分配、暂停货款支付等措施，形成与履约的联动机制。

（3）加强闭环管理。加强供应商质量问题整改的跟踪、管控，责令供应商限期进行整改，整改完成组织相关单位进行验收，并出具验收报告。

三、管理成效

湖北公司自推出配网设备材料物资质量"深化同业对标、加强到货验收、优化抽检策略、强化闭环管理"的新举措两年来，深入开展配网物资专项抽检和问题物资突击抽检，强化质量问题处理机制，严格供应商设备质量责任追溯，严肃执行质量问题处理流程，加强信息共享和联动，促进了质量问题的闭环整改。2016年完成物资抽检任务5327项，累计发现质量问题116起；2017年完成物资质量抽检工作8244项，累计发现质量问题441起。2017年与2016年相比抽检数量同比上升54.76%，发现质量问题数量同比上升280%，抽检覆盖率、深度、发现问题的能力和水平大幅上升，配网设备质量得到了有效管控。

第十节 风电场人员设备分工管理的实践应用和创新

风力发电作为新能源产业的支柱，在电力行业已经达到一定规模，但由于风电场运行工况恶劣、发电设备基数大以及设备在各个环节上存在设计和运行方面的缺陷，导致风电场设备管理工作难度增加，传统的设备管理方式，已不能满足其需要，文章以近三年来现场工作为例，探讨风电场人员设备分工管理的实践应用和创新。

随着国内风电行业的迅猛发展，风电场人员的流动和新老交替特别快，如何快速地培养和建立起一支高效的风场运维团队是整个风电行业面临的巨大问题。目前，各大风电投

资公司都对风电人才尤其是对风场日常维护人员有着大量的需求。随着各公司规模的不断扩大，有经验的老员工不断的抽调到新风场或者另谋高就到其他公司，大量的全新人才加入到新、老风场中，各个风电场人员在不断变动和交替中，对风电场的运维管理提出了很高的要求。风电场不仅要管理设备，还要管理好人员与设备的和谐统一，满足风电场运维诉求，使设备达到良性运行的目的。

一、人员设备分工概况

发电设备管理的目的是保持设备完好、可用，确保设备安全、经济、可靠运行。设备分管范围的划分，以合理分工，充分发挥技术、设备先进的优势，减少管理层次，调动员工的工作积极性，提高安全性和经济性，真正体现与先进的技术装备相适应的先进的生产管理为原则。设备分工管理的建立是将风电场的设备和物落实到在场的每一个人，使每台设备和物都有专人、兼职人和主要负责人负责、管理。把该制度作为风电场的一个管理主线，将日常的生产工作整个贯穿进来，主张谁的设备谁管理、谁负责的态度。同时严格要求各运维人员对设备分工职责范围内所有设备的故障、维修、技改有自己的规划和工作思路，对设备和物的管理做到追本溯源落实到人。坚决杜绝员工的"等、靠、要"思想，并将设备的管理纳入月度考核管理中，充分的调动人员的积极性，用制度来约束人、管理人，达到人员和设备的全方位管理。

二、设备分工管理的实践应用办法

风电场各项主辅设备实行"总负责人"和"分管负责人"管理制度。其中"分管负责人"又具体分为"第一责任人"和"第二责任人"。"第一责任人"为设备的主要管理人员，负责自己管辖范围内设备的正常运行、检修、维护、消缺等工作。只有当"第一责任人"正常轮休或其他情况不在现场时而设备无人管理的情况下，由"第二责任人"暂时顶替管理。"总负责人"为所辖范围内设备的最终管理人员，负责对所辖设备的分管负责人进行统一协调、组织、管理，并对设备的检修、维护、消缺等工作进行统一规划。

根据管理制度制订责任人运行职责、责任人的检修职责、责任人的管理职责的具体细则，并进行培训，长期实施。

三、设备分工管理的实践应用和创新思路

（一）设备定期维护创新分工管理

定期维护工作是指：风力发电机组在正常运行一段时间后，主要针对各分系统、电气、机械部件进行系统地功能性检测、螺栓紧固、轴对中、加注润滑油、脂等工作项目的总称。定期维护可以让设备保持最佳期的状态，并延长设备的使用寿命。设备定期维护的好坏直接关系到发电量的多少和经济效益的高低，因此设备定期维护在风电场的日常管理中尤为重要，工作开始前就应制定工作计划，进行设备的合理分工，明确责任。划分责任之前必

须明确分工,首先根据《设备定期维护工作规定》的要求对风电机组进行合理的分工,然后明确相应的责任。有责任就有压力,有压力就会产生动力,有动力定期维护工作才能顺利开展。其次,制定必要的激励机制,奖优罚劣,使设备定期维护工作保质保量按时完成。在机组定期检修中不但要充分体现分工的个人承包责任制,更加注重团队协作。一个负责人不可能单独完成机组的检修任务,所以必须要与其他负责人协作完成,在协作过程中,不但促进了工作交流,更加有一种相互监督、相互对比的管理过程。

(二)定期维护、故障检修与状态检修相互结合的创新分工管理

目前风电场电气设备状态评估所需的检测技术,特别是在线监测的技术和装置等方面还不够完善,这种情况下风机机组完全实现状态检修还有很大困难和风险。因此必须将定期维护和状态检修相结合,通过设备分工,责任人掌握设备状态及缺陷情况,在定期维护和故障检修时扩大状态检修力度,消除设备缺陷和隐患。

通过调动运维人员的积极性,提高了检修质量,通过月度机组可利用率和季度设备评级对机组设备综合评判后进行责任人排名,并进行量化考核。

在片面追求机组可利用率状况下,维修时为了省事,有可能出现盲目换件现象,导致维修成本上升。在设备分工管理与创新中的"机组备件消耗费用"统计正是针对这种现象而设计的。它不但能体现在月度全场风机备件的消耗费用、同时也能体现单台风机的备件消耗费用,也就能够体现出每个责任人的设备在月度的费用消耗情况,进而进行排名分析指标高低的原因。这样不仅解决了盲目换件的弊端,还能够鼓励职工修旧利废,从而降低维修费用。在这两项考核指标的共同作用下,运维人员对设备的检修呈现出既快又好、费用低的局面,实现了我们设计考核指标的目的。

四、设备分工管理的实践应用和创新实施效果

(一)效率得到肯定

风电场设备分工创新管理模式的创建和实施,通过优化风电场设备管理思路,制定切实可行的分工方案,构建人人管设备,台台设备有人管的管理模式;依托京能新能源公司良好的管理平台,积极开阔思路,勇于开拓创新,建立适应于风电场自身的创新管理模式,使得风电场凝聚力日渐增强,生产管理水平不断提高,公司影响力得到推动。2013—2015年目标风电场连续3年获得所在单位的安全生产工作先进集体,2016年又获得全国电力行业"安康杯"竞赛优胜班组的荣誉。

(二)设备稳定性提升

在该办法实施以来,目标风电场在机组可利用率的提升、技改、大修实施效果良好、风机频发故障降低等方面都有了较为明显的改善。目标风电场从2014年开始实行设备分工管理后,较2013年在风机的可利用率和故障消失上有了很大的提高。特别是在实行第

一年后风机可利用率尤其在一期机组上有了很大的提高。从2016年实施的大修项目来看，风机责任人从2015年变频器故障情况中进行统计分析，提出对变频器维护保养的项目，经过对11台风机变频器进行维护保养，实施后进行前后1个月数据对比，大修项目提高了系统运行可靠性、稳定性，提高了模块和部件性能、降低了故障率，延长了设备的生命周期。

（三）运行成本降低

目标风电场从备件费用2015年就节省了200多万元，主要原因就是在风场进行设备责任分工管理创新后，增加对责任人机组备件费用的考核，每个责任人对备件的使用提高了责任心，并且积极开展修旧利废工作，大大降低了备件使用率，从而使风场的整体成本得到控制。通过设备分工责任人的对变桨类故障的总结和分析以及通过变桨滑环损坏情况统计，提出了变桨滑环改造的想法并经过风场讨论后实施技改。完成技改后综合考虑备件更换、停机电量损失等方面经济损失，得出经过变桨滑环改造后，变桨类故障大大降低，滑环技改后的风机到目前未发生过变桨通讯类故障，从机组的长远运行来看，不论从可靠性、稳定性和经济性上都得到了保障。

风电场人员设备分工管理的实践应用和创新工作还需要不断的探索和实践，传统常规火电模式的管理在风电场的实际工作中不可生搬硬套，收效适得其反。这就需要风电场不断地在生产实践中进行探索、摸索，创新出适合自身的设备分工管理模式，在设备与人之间找到平衡点。风电场人员设备分工管理的实践应用和创新还需要风电场设备分工管理工作不断的扎实开展，进一步积累经验，取其精华去其糟粕，创立新的管理标准、新的模式，以满足风电场日新月异的变化和需求。

第五章 工程设备管理研究

第一节 现代工程设备管理的现状和发展趋势

焊接设备是各项工程建设都需要的重要设备，它不仅能够减轻工作者的劳动强度，减少人员投入，还能减小工程建设的资本投入，加快工程的建设进度。焊接设备包含的种类很多，其中常用是电焊和气焊，还有激光焊、钎焊、热熔焊、电子束焊、爆炸焊等，对实现工程机械化起着非常重要的作用。以下主要介绍现代工程设备管理中，焊接设备管理的现状和发展趋势。

近几年来，我国工业技术和经济水平不断发展和提高，所面对的工程建筑的情况也越来越复杂和大型化，主要靠人力来完成这样的工程项目已不太科学和现实，俗话说"工欲善其事，必先利其器"，设备是否完善，对企业的生产水平和经济效益的提高与否起着至关重要的作用。随着现代化和信息化生产水平的不断提高，现代工程设备管理不再是简单的设备技术管理或生产能力管理，而是呈现出新的现状和发展趋势。作为现代工程设备管理中一项的焊接设备管理，也跟随时代的发展，呈现出新的趋势，管理水平得到全面提高，更好地服务于工程建设和经济的发展。

一、焊接设备管理的概念

设备，指企业用于生产活动，可长期使用的机器、仪器等物质资源。设备管理的主要任务是在遵循国家政策的条件下，按照企业的生产要求，从设备的技术使用、经济支出等方面进行管理，把实物的存在价值和利用价值进行整合，对设备的安装、使用、维修和改造等多个方面进行的管理。

工程设备的管理必须坚持安全第一的原则，把设备的利用和再创造结合起来，不仅要保护环境，还要降低资源消耗，坚持可持续发展，坚持依靠技术创新。焊接设备是现代工程设备中重要的设备，与国家的经济发展、基础设施建设有着密不可分的关系。

二、工程焊接管理的智能化因素

（一）信息分析整合化

工程焊接的管理不再局限于对机器的使用消耗方面的分析，已经延伸到多角度、多方面和对各个系统之间的信息分析。如燃油运作系统的现状分析，机器正常使用状态下的安全分析，对设备零件机器转动、燃油量等系统的运行情况和器械维护的分析，焊接内管理系统和机器外的管理系统之间的数据分析。

（二）信息采集自动化

对管理信息的收集主要有三种方式，一种是通过对信息采集器的开关运行设置，对设备运行现场的状态进行密集的点量收集。一种是观察电流、温度等因素的变化，对设备运行状态进行模拟，整理设备的信息后进行采集。最后一种是通过有线或无线通信，对设备运行情况进行数据的交流共享的采集。

（三）信息内容全面化

因为信息分析的整合化和信息采集的自动化，所以焊接设备的管理信息更加具有全面性，不再是单一的机械运作系统、液压系统、运营环境和安全信息数据等内容。

（四）信息显示人性化

所搜集来的相关管理信息更加人性化，实际操作性更加合理，运行数据显示更加清晰明了，操作管理起来更加便捷。

三、焊接设备管理的现状

（一）设备管理信息采集面窄

现代的设备信息管理系统大部分是对机械运作系统、液压系统、运营环境和安全信息数据的采集，不能全面多角度地对设备的各个部分进行信息收集管理。

（二）设备信息管理普及度低

目前，我国焊接信息的控制主要是通过继电器和传统调速系统，智能的信息管理技术并没有在这些焊接设备上得到大范围的普及，这就给焊接工程的智能信息化管理起到了绊脚石的影响。

（三）设备管理不及时

现在对大部分焊接设备的管理主要是通过开关量和模拟数据进行管理的，但对管理系统的扩展，对设备管理所依据的数据更新和整合不够及时。

（四）设备管理自动化程度低

虽然现代工程建设的设备随着经济的发展也在不断地更新换旧，但是还有一部分的焊接设施比较老旧，没有进行系统的更新改造，尤其是没有使用智能信息管理系统，对这些焊接设备的管理还需要人工进行，不仅浪费时间，而且效率也低。

（五）设备管理欠人性化

虽然大型的焊接设备在管理信息方面可读性和可行性比较强，比较人性化和合理，但大部分的焊接设备管理信息系统界面简单，在数据整合、网络扩展等方面还需改进加强。

四、焊接设备管理发展趋势

（一）焊接设备管理的必要性

工程设备管理的趋势是向现代化发展的，国家制定了相关的焊接设备管理标准，标准中清楚地规定了焊接设备管理的一般原则，规定了系统的性能、监控、检验等。

这一标准使用于多种类型的焊接设备，如常用的电焊和气焊，还有激光焊、钎焊、热熔焊、电子束焊、爆炸焊等。

（二）焊接设备管理需实现的目标

焊接设备管理需要实现的目标包括机器全身覆盖，操作、运行预警的完整记录，对设备进行维护保养的记录，人性化的数据显示界面，机器的网络拓展，可远程交流、维修等。培养焊接设备管理专业技术人员，对专业技术人员进行不断的培训和实践，不仅设备要跟上时代的发展，技术人员更要紧随着时代的变化，解放思想，敢于创新，为现代工程设备的发展做出努力。

（三）焊接设备管理的好处

首先，对焊接设备管理的加强与优化，可以提高焊接设备运行的安全性，建立焊接设备智能化信息管理系统，可以随时记录设备运行的情况，特别是焊接设备发生安全故障时能够实时地记录下来，这将为设备的故障分析和解决积累经验。其次，加强设备管理可以提高设备的使用率和降低设备的使用成本。管理的加强可以及时地发现设备存在的问题，进行及时预警和维护，减少设备问题对生产造成的影响，最大限度地提高设备的使用率。再次，加强管理也便于设备的维护保养，为设备的定期维护提供数据参考。根据焊接设备各零件的和整体设备的运行情况和维护要求，提醒工作人员对设备进行及时的维护。最后，焊接设备管理水平的提高，还有利于企业管理水平的提高，可以把各设备的运作数据通过无线或有线设备进行传输，企业可以根据各部分实际的运作情况和任务量进行设备调度，提高企业的运营管理水平。

总的来说，我国的焊接设备的发展比较晚，我国焊接设备管理还存在一些瑕疵，加强对焊接设备的信息化管理，对焊接程序的运行效率和安全度都有关键的帮助。设备管理的发展趋势是与社会的经济发展相同步的，而这些趋势的发展又带动了设备管理水平的提高。现代工程设备的管理要以促进企业的经济发展为立足，以创新为方法，以任用高素质的管理人才为手段，积极地适应社会发展的需要，带动工程设备管理的进步。我们只有抓住这些新的发展趋势，才能真正地为社会经济的发展服务，而社会生产和经济的发展又是现代工程设备加速更新优化的前提，所以，确实保证工程设备为社会发展提供保障，促进设备管理的不断完善才是关键。

第二节　井下作业工程设备管理

近年来，井下作业工程技术服务行业的发展，促进了工程设备的进步，其中，大型化与机械化已经成为工程设备主要的发展趋势，具有明显的多样化特征。文章通过对工程设备相关问题的研究与分析，提出了工程设备管理工作的问题，探讨了井下作业条件下的工程设备管理措施。

一、工程设备管理工作的现实意义

第一，关乎企业市场形象与未来发展。设备管理是企业管理工作的重要内容，所以，管理效果对于企业市场形象具有直接的影响，甚至在技术服务能力提升方面发挥重要作用。在井下作业条件下，工程设备的状态对于基础服务能力效果带来影响。在企业工程设备管理工作被认可的基础上，其自身的市场地位也会随之提升，强化竞争实力，推动可持续发展。相反，若设备性能不理想或者是停机待修问题比较频繁，则会对井下作业技术服务的功能产生负面影响，破坏市场形象。

第二，关乎服务成本与企业资金运用效果。工程设备管理与服务成本之间存在一定的联系，不仅在数量与质量方面可以表现出来，同样也会对设备投资的效果以及维修费用，甚至是能源与材料的消耗产生直接的影响。为此，通过对工程设备的维护与保养，可以增加其实际使用的时间，延长检修的周期，减少维修费用与停工带来的经济损失。而经济运行意识的形成则能够节省设备运行过程中的能耗与操作费用，在管理工作的影响下，还可以减少机物料使用量，节省不必要的费用开支，确保工程设备始终处于理想的运行状态。但是，在现代化设备被普遍使用的情况下，设备资金在固定资产中的比重不断提高，所以，要想增加实际经济效益，必须要提升资金使用的效率，因而，工程设备的科学管理势在必行。

二、井下作业工程设备管理问题解构

（一）设备管理和生产管理矛盾突出

通常情况下，工程设备管理工作人员不在技术服务施工现场，而生产管理工作人员不了解工程设备的使用与定期保养知识。另外，操作人员对相关施工技术的认知不全面，导致施工始终处于被动或者受支配的状态，严重影响了工程设备的管理效果。

（二）施工作业任务量大且环境恶劣

对于技术服务施工而言，因为工程设备的数量不多，通常会以加班的形式完成施工工作，所以，增加了工程设备的运转负荷，经常出现设备带病作业的情况，对工程设备本身的技术性能及实际使用寿命带来了负面的影响，使其老化速度不断加快。另外，对于工程设备维修阶段的重视程度较大，但是并未给予相应的关注，因此难以适应现代工程设备管理工作的系统性要求。

（三）工程设备工作人员素质有待提高

第一，工程设备现场使用的问题。在井下作业条件下，工程设备操作人员自身素质不同，大部分文化水平都不高，而且未接受过专业培训。很多操作人员都会先上岗操作而后补办操作证，另外，有个别操作人员会因个人问题离开现场，而随意选择人员替班。基于此，在井下作业过程中，通常都会在施工现场严重缺少操作人员的情况下，为了达到应急目的而随意选择工作人员操作机械设备，严重影响了工程设备的管理。第二，培训存在问题。在传统工程设备管理培训的过程中，仅组织了设备管理部门与专业工作人员参与，而忽略了其他工作人员培训的重要性，导致培训工作的群众基础薄弱。

（三）工程设备的更新速度缓慢

对于已经老化的工程设备，其机械可靠性完全丧失，超出所规定的使用时间，所以，在实际使用的过程中，发生故障的概率也很大。在这种情况下，不仅增加了维修的成本，同时还会引发严重的安全事故。

三、完善井下作业工程设备管理的有效途径

现阶段，虽然井下作业工程设备管理工作的开展态势良好，但是，仍然存在诸多不足之处。究其原因，设备管理的理念与制度建设并不完善，且专业人才严重不足，进而对工程设备管理工作的创新发展带来了不利的影响。为此，必须要积极采取合理措施，实现工程设备的综合性管理。

（一）转变管理理念

为了更好地开展工程设备的管理工作，就必须要将管理现代化作为重要目标。其中，

应当积极树立现代化的管理理念，正确认知设备管理在企业生产经营过程中的重要作用，并且全面结合企业管理系统中的各方面内容。通过对系统管理理论的合理运用，转变传统的设备管理理念，实现工程设备管理和企业管理工作的共同发展。

（二）建立并健全设备管理组织与机制

现代化的设备管理需要对设备管理和维修机构予以有效整合，不断完善相关规章制度。与此同时，应当构建同设备综合管理理念相吻合的设备管理机构，贯彻并落实专群结合班组设备管理工作。另外，对设备前期管理进行改进，重视状态维修与设备改造更新，以保证进一步满足设备现代化管理的需求。

（三）合理选用现代化设备管理方法

在工程设备管理工作开展的过程中，应当对设备诊断技术全面推广，由原有的状态维修方式转变为预知维修方式。另外，可以通过对工程设备分类的方法来强化管理工作的水平。基于此，还应当对网络技术给予高度重视，进而针对关键的工程设备展开大修工作，有效地减少修理的工期，节省维修工作的费用，全面优化资源，最终强化设备生命周期各环节经济效果。

（四）组织并开展岗前技能培训

工程设备操作人员在上岗或者是转岗前应当根据设备的使用说明书开展相关培训工作，确保操作人员能够熟练地掌握工程设备操作与维护保养的方法和技巧。与此同时，应当针对参与培训的操作人员进行上岗考核，以保证具备必要的操作技能，深入了解设备原理，熟知设备经常发生的故障与处理方式。然而，操作人员素质对于工程设备实际使用的时间与施工安全存在紧密地联系，所以，同样需要对其进行专业素质与综合素质的培养，为企业的生存与发展提供有力保障。

（五）重视施工过程的工程设备管理

第一，于一线作业项目部门而言，需要积极开展设备组织工作，并且合理地调配工程设备。

第二，操作人员应当根据施工作业项目的安排，充分考虑工程设备的实际运行状态，根据具体情况开展管理工作。与此同时，应按照具体的操作规程，对工程设备动态进行实时观察，以保证在短时间内排除安全隐患，避免受油水影响而对工程设备运转带来不利的影响。此外，需要根据机械保养制度对工程设备进行养护，有效地规避过时保养问题，确保工程设备始终处于理想的工作状态。

第三，及时储备工程设备易损件，以免受构件周期较长的影响而延长施工工期。

综上所述，基于井下作业条件，工程设备管理工作必须要实现科学化的发展。然而，目前工程设备管理尚未健全，对工程设备的运行带来了不利的影响。文章将工程设备作为研究对象，阐述了在井下作业条件下工程设备管理工作的现实意义，通过对管理问题的研究，提出了具有可行性的完善途径，为工程设备管理工作的开展提供有价值的理论依据。

第三节 机电排灌工程设备的管理

机电排灌工程设备在运行中随时会出现这样或那样的故障，甚至发生事故。本节针对机电排灌工程设备的管理中经常发生的问题，对机电排灌工程设备运行中存在的一些故障进行分析，并结合实例介绍了排灌工程设备的运用。

一、排灌工程设备种类

（1）水泵：水泵是排灌设备的重要器件，它的电动机通常与水泵连在一起，采用连轴式设计，利用电动机转轴的旋转带动水泵的叶轮进行高速旋转，以此实现对水的提升或者导流。

（2）引水管道：进水管和出水管是排灌设备的输水和排水的主要管路，进水管和排水管多用钢铁管或硬质塑料管，并包括进出口的防护装置，构成了工程的引水管道。

（3）供电设备：包括高压供电线、主变压器、电表、电缆等供电设施，这些设施为水泵提供了必要的电力供应。

（4）控制设备：包括开关、电控装置等。这些设备可以实现对给排水的控制，保证排灌的科学性和可靠性。

二、排灌设备常见故障及分析

（一）按启动按钮，电机不运行

对于鼠笼式电动机，当采用自耦变压器降压启动时，其启动性能较差，主要表现在启动电流大、噪音大。操作时先按启动按钮，待电机运转稳定，电流恢复正常时，再按运行按钮，电机正常运转。有时按启动按钮，电机没有动静，不运转。这种情况要从以下几方面检查：控制电源是否正常，转换开关是处于自动还是手动位置；熔断器是否烧坏，热继电器的常闭触点是否复位；交流接触器及中间继电器的线圈是否烧坏，辅助触点或触点接触是否良好。逐一查找发现问题，对症下药。这种故障问题不大，但经常出现，查找麻烦，关键是查找方法要得当。

（二）按运行按钮，总屏空气开关跳闸

电机启动完成后，按运转按钮为什么会跳闸呢？通过实践，我们发现有两个原因：①运行交流接触器触点压力不一致，触头松动或烧坏，合闸时间不一致，引起三相电流瞬时不

平衡或断相而跳闸。需调整螺栓压力使触点压力一致，锉好烧坏的触头或更换触头。有时出现绝缘木老化损坏而使触头没有压力、松动，需更换绝缘木。②外河水位过高，超过设计扬程很多。按照正规的操作程序，按启动按钮后，电机电流长时间不能回复到运行值，时间太长又会烧坏启动变压器、电动机，按运转按钮就会跳闸，所以电机无法正常运转。在汛期，机电排灌防汛压力很大，机组要想方设法运行，所以我们有时不得已违反操作规程使机组运行。操作办法是：按启动按钮，待电机刚运转，转速加快时，马上按运行按钮，几秒钟后电机也会正常运转，这相当于电动机直接启动，操作过程中，时间要控制准确，超前或滞后都有可能引起空气开关跳闸。这种操作使两台交流接触器的触头严重破坏，合闸、关闸电流很大，产生很大的电弧，每操作一次都要拆开检修。这种以牺牲设备寿命和危及人身安全的操作是非常危险的，也是得不偿失的，应引起重视。

（三）轴承故障

水泵检修更换轴承是最多的检修项目。以某某机电排灌站水泵为例，其水泵28ZLB-70的轴承是由推力轴承18324、向心轴承1001228组成，配合安装在轴承盒中，机油润滑；水下有橡胶轴承，以水作润滑剂。承受水泵活动部分的重量及水力等的推力轴承18324，是决定水泵能否正常运转的重要部件，运行中，安装轴承的油箱盒外部常常发热。内部则声音异常，如出现尖叫、间歇性的撞击声等。在停机检修时，发现轴承有时散了架、花格损坏、轴承磨损相当严重，油箱里到处是铁屑。分析其原因大致有以下几个方面：①轴承质量不合格。上述轴承在市场上很少，一些不法商人以次充好，影响轴承的正常使用。②安装方法不当。因工人在安装过程中不按操作程序，致使轴承开裂变形，而且泥沙、铁屑残留于油箱，严重影响了轴承的运行，造成运行故障。③机组安装精度不高，同心度不符合要求，造成机组摆度大，容易损坏轴承。④润滑油使用不当。机电排灌站使用的基本上是混合油，上一年油箱中的油没有放出，又加新油，而农机站供应的油，品牌不一，油的黏度等级、质量达不到使用要求，混合后更加降低了润滑效果，使轴承更易损坏。

（四）机组振动

机组振动原因是多方面的，安装精度直接影响着机组的正常运行。机组安装的水平度、同心度、垂直度的误差越大，机组振动越大，超过一定范围机组会无法运行。除了安装因素以外，还有以下原因引起机组振动：①水泵叶片损坏，叶片重量不对称，失去平衡，引起振动；②水流紊乱，产生漩涡，使空气进入引起振动；③水泵橡胶轴承磨损严重，影响同心度，使摆度增大；④推力轴承和向心轴承出现故障引起振动，还有电动机本身振动大，基础混凝土梁的质量达不到要求等一些原因，都会引起机组振动。

三、排灌工程设备的运用

（一）排灌设备管理水资源综合利用

排灌工程的重要作用就是灌溉。目前我国的机电灌溉面积的比重越来越大，这就说明农业对于排灌工程的依赖性越来越大，这主要是农业机械化带来的农业大面积种植而产生的硬性需求。所以对排灌工程的管理也就直接关系到了农业生产的稳定与否。而排灌设备的运行情况也就直接面对着其服务的大面积农业耕地。由此可见排灌设备的运行情况从某方面已经成为农田水利的重要组成部分，并且直接减负了农田水利的重要供给角色。而且，在实际设备使用中由于其可控性优势明显，所以有利排灌设备参与到农田水利中来完全可以实行更加科学他的农业水利利用。把灌溉上升到科学、系统、规范的管理范畴中来。利用对水量、时间、流向的控制，排灌系统完全可以达到科学管理合理利用水资源的目标。这就是排灌工程设备为农田水利做出的最大贡献。

（二）排灌设备管理保证除涝治渍

我国的幅员广阔，导致了农田建设的地理性差异。各个地域的农田在遇到集中降雨时就会导致暂时性的涝灾或者水渍。排灌的另一个功能"排水"，这时就起到了突出的作用。实验表明，20个排水试验区的试验资料分析认为，暴雨后升临地面的地下水位，经3d的排水应使田块中心的地下水位降至0.5~1m，地表层以下，0.3m的土壤在连续阴雨情况下不致饱和，而距地面0.5m以下的地下水位应缓慢下降。前者利于除涝治渍，后者利于保墒耐旱。从这样的实例中就可以看到排灌工程对农田水利的重要调节作用。也就可以看到对排灌设备良好的日常管理是"用时"起效的重要保证。

（三）排灌设备管理蓄水功能

在排灌工程中还有一些对水的储存功能的工程，包括水力自控翻水闸门、橡胶坝、节制闸、滚水坝等。排灌工程设备必要时也会和这些蓄水工程结合在一起形成大型的排灌工程，并在其中起到了调控作用。也就是依托这些水坝对降水进行有效的储蓄，并在必要时进行变蓄为灌。

四、排灌工程设备运用实例分析

下面结合潜水电泵在农场排灌的运用实例，介绍排灌工程设备实际运用。

位于沿江圩区和沿淮湖洼地的国有农场，排涝向来是水利建设中的重头戏。这些地区缺乏完全自排的条件，泵站是排涝工程的主要部分。近年来随着排涝条件的改善，灌溉方面也逐步提高了要求，并相应地兴建一批灌溉泵站。在所建的排灌站中有一批是采用潜水电泵的泵站，经过几年运行，情况基本良好。

潜水电泵是将泵与电机紧密结合成一体共同潜水运行的机组，可以较好地解决克服沿江圩区的农场老式中小型轴流泵站目前存在的不足。①潜水泵站管理房设置在堤顶，泵站水毁可能性极小，为圩区破堤后的复堤抢排工作争得主动。大中型潜水电泵因为其结构特点，具有简化泵站结构，节省泵站建设投资的突出优点，根据已建泵站统计，一般可降低建站投资40%~60%，缩短工期1/2以上。②潜水泵站管理房建于坡顶上，为浅基础，对地基要求不高，采用斜式安装，坡道的地基要求也不高，没有庞大的泵室，也不需要很高的挡水墙、联络栈桥等，对基础承载力的要求大大降低。泵站前池、进水池采用必要的"导""滤"措施即可，避免泵站在汛期成为险工险段。③利用潜水电泵建灌溉泵站，可直接将前池建于圩外，管理房位于堤顶进行控制，外水位特别低时，引水问题也较易解决，且不受自排闸的断面大小、底板高程的限制，水源更有保证。

通过近年来的实际应用表明，潜水电泵未出现密封漏水导致电机损毁的事故，运行基本良好。供货厂家一般都提供正常使用条件下密封漏水损坏免费维修的承诺，且售后服务较好，也为潜水电泵的推广应用创造了一个良好的外部环境。

第四节　海外管道工程设备管理

随着海外管道工程项目的不断拓展，设备管理在工程项目中的重要性更加突出。笔者根据从事海外管道工程施工的经验，总结了设备管理前期准备、施工阶段和项目后期管理这三个阶段中的管理内容、特点和应当注意的事项，为同行提供参考。

一、前期准备阶段设备管理

前期准备阶段应从设备配置、备品备件计划、集港运输三个方面做实设备管理工作。

（一）设备配置

1. 调研分析

在做项目设备配置方案之前，一定要对项目所在国家的政治、经济情况做全面了解，认真研究与业主签订的工程承包合同中有关设备的强制条款，对当地的设备供应及租赁市场做实地深入调查，并在考虑工期的前提下，做出综合判断及经济分析比较，制订一份详细的设备配置清单。

2. 设备数量

考虑到施工项目所在国可能存在社会资源不尽丰富、租赁市场不稳定、租赁费用高等因素，设备数量在满足需求的前提下，尽量留有一点余量。否则，如果前期的设备配备不足，再联系从国内发运或从第三国购买，则周期长、费用高，对施工进度也会造成极大影响。

3. 车辆

尽量不要从国内采购或发运工程指挥车（包括小轿车及越野车），而采用在当地购买、租赁的方式取得，这样还可以避免国内车辆结构与当地交通设施不符产生的使用不便以及清关过程中的麻烦。笔者单位在中亚、阿联酋等国的管道工程项目中，由项目部在当地统一购买指挥车，项目结束后统一处理。

（二）备品备件计划

管道施工主要设备的规格繁杂，型号多样，无论在哪个国家施工，当地的配件供应都不能够完全满足施工现场设备维修保养的需求，因此设备发运时配备一定数量的备件对施工现场管理工作的顺利开展十分必要。

1. 保养件计划

设备保养件的数量根据施工工期、设备数量、保养周期确定，由于保养件大多是通用件，通常不必一次配备齐全，保养件计划可以由施工机组在准备阶段提出。

2. 维修件计划

由于设备种类繁多，设备故障又千差万别，维修配件的计划是一件令人十分头痛的事。为此我们要抓住大概率事件，根据以往的经验与设备维修统计数据，为故障频率高的结构部位准备配件，这些配件由项目部集中管理，施工期间各施工机组协同使用。

尽管我们做了详细的维修件计划，但在实际生产过程中还会出现很多设备发生故障却没有配件维修的情况，因此在施工进展到一定阶段，基本掌握了各种型号设备的配件消耗情况下，及时对所需配件配备数量进行调整，并赶在发运最后一批物资时将这些配件发运出关。这样可以保证采购的配件数量、种类都更趋合理。维修件计划由项目部设备管理工程师组织各施工设备管理员和修保机组维修人员共同编订。

3. 工具与消耗件

各施工机组、维修机组根据需要准备一定数量的工具（包括常用的量具、重型套筒扳手和修理必备的专用工具）以及一些小型设备（如车床、钻床、扣管机、电动或气动扳手、洗车泵、电瓶充电器等）；消耗件包括设备维修用接油布、接油盆等。工具与消耗件同设备一起装箱。

（三）集港运输

通常情况下设备的集港与发运工作的时间非常紧，工作强度非常大。一旦确定施工工期和完成设备配置后，接到设备集港动迁令后应立即启动设备集港运输的工作。

1. 集港前的准备

集港前的准备工作首先是收集设备相关资料的扫描件，包括出厂合格证、检验合格证、原产地证明等，有些国家还需要设备性能描述、设备照片、三视图等资料。

其次是做好发运计划，无论是采用陆运还是海运，每批次的货位都是有限的，要根据施工的需要，先发运关键设备。在设备装箱时要最大限度地使用集装箱的空间。

2. 集中力量做好集港

集港工作非常关键，设备进货场前要做好唛头、装箱单（内容包括设备发运地点、设备到达地点、体积、总量、数量等）及船运裸装设备外观的防腐处理等准备工作，集港期间有很多的工作要做，要集中好人力、物力，避免错过集港时间，否则耽误的时间无法挽回。

3. 清关后的运输

在设备到达目的国后的清关工作中，需要配合中石油管道局物资装备总公司做一些必要的设备情况的详细解释说明工作。

清关前安排好运输车辆，及时将设备拉运到施工现场。特别要提前了解当地政府是否有关于清关后运输的规定，比如拉运时间等。

4. 特别注意的细节

集港运输过程中还有一些需要特别注意的细节，比如包装用的木箱一定要经过熏蒸，取得商检报告；货物装箱后，一定要记下铅封号，并留下照片；外包装标识必须与机械铭牌一致；大型设备的附件尽量单独装运。

二、施工阶段设备管理

（一）建立管理机构

项目启动前，建立完善的设备管理机构是保证项目设备管理各项工作顺利开展的有效方法，配备专职设备管理工程师，成立设备管理领导小组。项目部设备管理领导小组由项目部主管设备经理担任组长，成员包括财务、物资、安全、生产部门主要负责人、各机组长、设备管理工程师。机组设备管理小组由机组长担任组长，成员包括各班组长、设备管理员。

（二）设备进场管理

设备进入施工现场后，由设备管理工程师组织各机组人员对设备进行完好性检查，对存在故障的设备要及时修复。各机组设备管理员统计机组设备、工装、办公器械，并建立完整的台账；设备管理工程师要统计整个项目所有设备资产情况，建立完整的台账。

有些国家和地区对设备车辆要求办理当地的行驶证、通行证，设备管理工程师要准备好发动机号、底盘号、出厂合格证等资料，及时办理方便设备车辆的使用。

（三）定人定机及抵押金

对海外工程来说，设备的高完好率对施工生产意义重大，定人定机制度是保证设备高完好率的有效手段。各机组应将设备交由有操作资格的人员操作，并与操作手签订设备完好交接单。设备管理工程师建立项目设备定人定机台账，并根据操作设备原值、重要性向每个人员收取 500~2000 元设备完好抵押金，交由项目财务保管。

（四）设备调动

项目施工期间根据施工需要，由项目部对各施工机组的部分设备进行协调使用，各施工机组要配合项目统一调度，设备管理工程师要掌握设备调动情况，对调入设备各机组应按自有设备使用管理。

（五）维修及保养备件的验收保管及使用

配件采购完成后，设备管理人员组织设备维修人员会同物资部门人员对到货的配件进行验收。验收合格，由项目物资部门组织配件装箱工作。

设备配件到达施工地点后要进行整理分类，入库前查验配件有无碰伤损坏、锈蚀的情况。

设备配件的使用管理可以采取分散与集中相结合的管理方式。保养件由机组负责保管使用，维修配件由项目部设备员集中管理，及时跟踪配件的库存情况；总成件需要更换时要经过项目设备员鉴定，根据设备配件的损坏程度再确定是否更换。

（六）维修保养管理

设备日常保养由设备操作手完成，设备操作手每日启动设备前应对设备进行全面检查，设备日常保养要遵循"十字作业"方针。

机组设备管理员应按时上报设备月报表，以便设备管理工程师全面掌握设备运转情况，统筹安排设备保养维修。

现场设备二级保养由设备管理工程师统一安排，机组设备管理员组织完成，设备二级保养完成后，机组设备管理员将完成情况上报项目设备管理工程师。

设备发生故障后应逐级上报，对机组无法处理的故障则上报设备管理工程师，由设备管理工程师组织人员维修。

（七）油水管理

设备车辆使用的燃油、润滑油由项目物资管理部门统一采购，设备管理工程师提出润滑油品质的具体要求，某些特殊设备的润滑油可以从国内采购发运。

设备润滑应严格执行"六定"（定人、定时、定点、定量、定质、定期检查）、"一沉淀"（机油沉淀72h）、"三过滤"（进库、出库、加油前）制度。

设备防冻液由设备管理工程师提供牌号，项目部统一采购使用，防冻液不足时应及时补充。

各施工机组根据天气情况，提前安排设备防水、防冻液添加工作；设备管理工程师负责整个项目的组织、检查工作。

（八）设备检查和奖惩

施工期间机组设备管理员应每天对设备进行巡检，每月对设备进行全面检查，并做好记录。

设备管理工程师对所有机组设备进行不定期检查，并根据各机组自检情况给各机组设备检查打分，进行奖惩。

（九）外租与外委修理

设备管理工程师负责外租设备车辆和外委修理的谈判组织、合同签订、付款工作。

外租合同和外委修理合同采用项目部统一制订的合同文本，特别要对租赁价格、租赁设备的运输费用、租期、设备和车辆状况要求、修理质量标准、付款方式等做出明确规定，尽量避免因合同条款产生的纠纷。设备管理工程师应建立外租设备车辆外委修理台账、付款台账。

三、项目后期设备管理

项目进入收尾阶段时，容易产生浮躁、工作热情下降等消极现象，这个时候最需要设备管理人员合理组织各项工作，踏踏实实把设备后期管理做好。

（1）工程进入尾期后，对设备进行集中，并逐一进行清理登记，全面掌握机况，保证回迁的设备完好、各部件完整。

（2）在施工国或相邻国有工程项目接续的，可以将经过修复的设备直接运往新项目现场继续使用。

（3）设备回迁要有前瞻性，提前做好设备回迁计划，办理好各种手续，保证不在各种手续关上耽误时间。

（4）工程全部结束、设备发运完毕后收集整理各类工装器具，将有继续使用价值的装入集装箱发运回国。

在海外管道项目逐年增加的形势下，总结我们已有的施工设备管理经验，可为今后施工设备管理提供重要参考，减少管理人员摸索的时间，提高设备管理水平，更好地为项目管理服务。

第五节　工程设备招标采购管理

在工程建设当中，工程设备的招标采购是一项非常重要的工作，将直接对企业综合效益产生影响。对此，企业在工作当中需要对该项工作引起重视，在把握现存问题的基础上加强管理。本节分析了我国工程设备在招标管理及操作过程中遇到的实际问题，并阐明当前工程设备采购管理中面临的困境，对加强我国工程设备招标过程中的管理提出了相关的解决措施及政策建议，为我国建筑工程事业的可持续发展建言献策。

对于工程设备采购，实施开展招标管理对于节约采购成本、提高采购质量都具有很重

第五章　工程设备管理研究

要的意义。本节分析了我国工程设备在招标管理及操作过程中遇到的实际问题，并阐明当前工程设备采购管理中面临的困境，如招标采购管理信息化程度不高，采购策略不匹配等，对加强我国工程设备招标过程中的管理提出了相关的解决措施及政策建议，旨在通过这些措施解决现实问题，梳理我国当前工程设备招标采购管理流程，完善工程设备招标采购管理操作过程，为我国工程实业的可持续发展建言献策。

一、我国工程设备招标采购管理要求

（一）招标采购流程

为加强工程设备招标采购工作实现程序化、规范化管理，有效控制设备采购及后续运行成本，实现节本降耗，同时根据掌握各类设备的价目、用款以及租赁费用或对外欠款等情况，结合工程实际。

（二）工程设备招标采购管理要求

①项目部首先根据工程部提交的采购申请表进行汇总，制定设备总需求报表，列出设备的种类、名称、型号、规格、生产厂家、数量、何时到场以及联系方式等，统计无误后提请项目经理签字认可。②设备采购申请单一式三份，采购部、项目部、工程部各一份。为了杜绝浪费和其他不合理情况发生，设备采购申请表上面必须有设备申请人，项目工程部负责人，项目经理签字，缺一不可，否则公司采购部有权拒绝接收设备采购申请表。公司采购部原则上不接收项目部任何人电话或口头通知供货要求，如果有特殊情况，一定要有公司领导批准同意，由公司领导通知公司采购部负责人，公司采购部负责人在接收到公司领导批准同意采购，方可安排公司采购部相关人员进行采购。在公司采购部进行设备采购的同时，项目部相关人员必须及时的补交设备采购申请表，并且按正常的审批程序进行审批，然后将审批通过的设备采购申请表交至公司采购部，采购部根据采购设备种类和公司管理规定，确定采购方式，如招标、询价等。③项目中变更或增加设备用量，以甲方书面通知或签证为主。项目部及时将甲方书面通知或签证发公司预算部备案，同时，项目部按设备采购流程申请设备采购。预算部收到变更或增加设备用量申请表后，必须进行核算，并报公司工程部、公司采购部、公司领导审批（特殊情况除外）。

二、我国工程设备招标采购管理现状

（一）面临的困境

在工程施工建设当中，工程机械设备是施工开展的重要基础，其具体质量情况将直接对工程的顺利建设产生影响，而采购价格方面，也将直接关系到工程成本。在该种情况下，做好工程建设当中的采购管理工作则成了一项重点内容。在机械设备采购这项工作当中，需要充分遵循民主决策、优质高效以及公开透明的原则开展工作，在对效益具有重视的基础上强调合规，以此为主营业务的发展提供重要支持。而在该过程当中，做好信息化技术的使用和供应商的管理也十分关键。就目前来说，我国很多地区在采购管理这项工作实际开展中在信息化程度方面还比较低，采购效率不高，也没有建立专门的采购系统。即使具有信息支持系统的建立，其功能也仅仅局限在统计方面，在合规以及效率方面则存在着一定的矛盾，对供应商管理也是薄弱环节，存在考评系统不完善和采购管理策略不明确的问题。

（二）存在的问题

当前时期，我国机械设备招标采购管理工作存在比较多的问题，如下所述：

1. 成本管理理念落后

工程设备类采购往往只看重首次采购成本，不考虑设备全寿命整体运行费用。招标采购时一般采用最低评标价法，而目前我国诚信体系不健全，导致供应商为低价中标往往虚假承诺，降低质量标准，牺牲设备性能，只能勉强保住质保期内使用，质保期一过，设备使用故障率高，维护成本高。

2. 供应商的选择不力

根据相关法律的规定，只能通过一些特定的厂商来采购机械配件，这些规定增大了企业采购工作的难度。还有的在采购工程设备时，未充分考虑其他因素，如该型号设备产量少或者部分配套配件特殊非标件，导致后续采购采供成本高，且只能跟这些设备商长期合作，而这些产品很多时候性价比较低，交货时间也比较长，而一些供应商的产品具有非常高的性价比与售后服务，而企业只能取前者采购。这也降低了采购的灵活性，增大了采购的成本。

3. 缺少与出色供应商之间的常态化合作机制

企业要想获得进步的动力，必须要有完善的奖惩机制，而大部分企业依然延续传统的采购管理模式，没有严厉处罚供货质量较差的供应商，也没有给予供货质量较好的供应商一定的奖励，这种现象使得劣质产品的供应商更加嚣张，也使供货质量较好的供应商的积极性受到打击。并且企业认为供应商占据了企业利润的一部分，需要将货物价格压低，没能形成与供应商的长期战略合作关系，供求双方的信息严重不足，过于重视短期利益，而忽视了长期发展。

4. 针对供应商的考评系统不完善

当前时期，大部分企业在对供应商进行评价时，主要依据的是供货数量和质量以及违约次数之类的指标。尽管在具体的评价过程中往往也会伴随实地调研以及随机抽查等方法，但是非常少，并且质检员也不会依据要求进行抽查，在此过程中很有可能存在利益输送。并且即使某家供应商有需要的全部种类设备及配件，也需要和多家供应商来签订合同，但是订货数量相对较少，导致了较大的成本与难度，并且供应商的生产积极性也大大降低，精力投入的也比较有限，无法确保产品质量，而且对一般机械企业来说，检验设施较少，无法详细检查一般的零配件与外购零件，要辨别产品的质量只能通过原始记录和产品证书，存在很大的质量隐患。与此同时，供应商更加关注自身利益，很有可能生产劣质产品，或者通过投机的方式获得利润，这也增大了检验工作的难度，提高了检验的成本。即使供应商也都通过了ISO9002质量体系认证，质量意识较为缺乏。所以，当前时期必须要构建一个信息系统来综合评价供应商的供货质量和水平。

三、加强工程设备招标采购管理的方法和对策

（一）工程设备招标采购操作方法

1. 在实际采购当中，设备采购人员需要做好理性因素的强调

所谓理性因素，则为产品制造规格同质量的一致性、在产品规格与质量都能够接受情况下的最低报价、充分考虑产品所能提供的技术服务能力、交货时间的准确性、采购当中能够对工程施工质量进行提升的技术性、在不对操作人员重新培训情况下的操纵性等情况。

2. 在具体招标采购活动开展中，采购人员需要做好不同出售方的情况比对

即需要能够货比三家，确定采购设备具体的性能要求，从而保证在招标采购中能够采购上合适的商品。作为设备采购经理，则需要在工作当中以平稳的心理对待客户，对品牌产品具有一定的倾斜度，因该类产品在质量方面更能够具有保障。但是，重视品牌也并非单纯的迷信品牌，同样需要以货比三家的方式开展采购活动。

3. 重视产品性能，综合考虑多种因素

在工程机械招标采购时，要避免将首次采购价格作为确定采购目标的唯一评审因素，将配件通用性、可操作性、设备全寿命成本费用纳入评审因素，在保证实际需求和产品质量的前提下合理。

4. 科学定位设备标准

在掌握签订合同的基础上，首先要做好设备功能定位以及技术标准的确定，为了更好地满足用户需求，即需要做好指标的分解。受到技术参数影响，使得成本之间也存在着较大的差异，在实际工作开展中，如果仅仅对常规的几个参数进行提出，很多供应商都能够满足要求。对此，在实际工作当中，即需要避免以单纯的方式对比，即如果仅仅以价格作为具体参照，设备在完成购买后无论在具体调试还是未来的使用阶段都将浪费较大的资源，甚至会因此对工期产生影响，并导致更大损失的发生。就目前来说，通常以最低价方式中标，即在保证技术水平合格的基础上以价格为基础进行排序。对此，做好质量监管则成了非常重要的一项工作，以此避免购进劣质产品。为了获得更好的处理效果，则可以做好指标分解，在便于操作的同时使工作人员在质量检查工作当中更为便利。

5. 推敲合同细节

同其余产品不同，工程设备具有专业性强以及技术复杂特征，对此，招标文件当中也经常因此出现纰漏情况，在招标采购中必须仔细推敲。无论是澄清的一方还是询问的一方，都必须就双方的合作要求、应该履行的责任和义务做一个书面澄清。并且双方都必须对澄清环节所设计的内容做好保密。

（二）针对工程设备招标采购现状的解决对策

企业工程设备采购策略主要有两个方面：一是采购方法与库存策略，二是对供应商的管理。供应商的管理策略之一是建立供应商的综合评价信息系统，对供应商进行追踪调查，从而保证产品质量。但是，企业一般需要采购的材料零构件较多，种类繁多，供应商较多，因此企业没有足够的时间和精力来对每一个供应商进行追踪，也不可能与每一个供应商建立长期战略合作关系。因此，在整个采购工作中可以将机械设备进行分类，分为A、B、C 三类，对不同类别的机械设备采购采用不同的库存方法和供应商管理策略。

1. A 类机械设备采购建议

A 类机械设备是大型的固定资产、生产设备。其特点价值较高，企业主要用来进行产品的生产，其质量的好坏关乎企业的生存发展，市场上能够生产并出售这种机械设备的合格供应商不多，企业一般也无法自己制造。对于 A 类机械设备，一般机械企业应该与质量较优的供应商建立长期战略伙伴关系，这种关系的特点是不对抗、能够实现双赢。企业在应看重长远利益，不压价格，通过合作使供应商获得较多的好处，实现双赢并保持长期、稳定的合作关系。在采购库存管理方面，由于 A 类机械设备价格昂贵，损坏后难以修复，且库存占用流动资金较多，在采购前必须进行详细的市场调研和产品需求预测，同时严格控制库存。为了防止意外发生，可以购买设备保险，将损坏风险转移到保险公司。

同时 A 类机械设备招标采购方式做出调整和优化，可采用长期经营租赁方式，由中标人负责提供设备及全寿命运行过程中的大（项）修、生产和维修配件供应、技术服务，根据实际使用时间结算费用。采用长期经营租赁方式可以鼓励设备供应商提高产品质量和使用寿命，从而促进成本降低。也可使使用方实现轻资产运营管理模式，减少设备投资，减少备件库存，降低运营成本。

2. B 类机械设备采购建议

B 类机械设备主要是一些大型固定资产的配套设备和一些重要零部件，其特点是技术要求不高，市场供给比较充足，价值也比较贵，占用资金较多。一般机械企业主要是在固定的几个厂家中进行采购，因此对供应商的要求是：在满足相关技术指标的情况下保证产品的质量较优，供货比较稳定，产品售后服务比较好。因此，产品质量信誉好，产品供货稳定，产品售后服务好的供应商在通过产品试用要求后可以成为供应商。有采购需求时，在这些合作供应商中采用询价方式确定供应商，这样既采购了所需要的机械设备，而且也保证了企业生产的稳定性，也降低了企业的采购成本。因此，B类机械设备的采购策略是总成本最低，在供应商管理上，没有必要花大代价与供应商建立长期稳定的战略合作关系，保持正常合作关系就可以了，最终实现企业采购总成本最低。

3. C类机械设备的采购建议

C类机械设备是那些小的零部件或者零构件，特点是价格不高，市场上存在大量供给，容易获得，而且价格协商的空间比较大。这类机械设备所需种类较多，数量较大，企业应该坚持实施货比三家的方法，充分利用买方市场的优势，尽量多选择那些供给充足，价格优惠，质量可靠的机械设备的供应商。为保证供应商可靠，可供应商工厂进行考察，确保供应商的证件齐备，生产能力充足，并且符合国家质量认证标准，避免购入假冒伪劣产品，根除企业的质量隐患。在此基础上，有采购需求时，在这些供应商中再询价。企业每采购一批机械设备，要记录供货商的名称，联系方式，机械设备种类、质量差异、采购价格，并与之前采购的相比较，经技术部门、财务部门和审计部门共同进行审核，审核通过后才能办理订货手续。最后将资料进行备案存档，方便监督检查。对于只有一家企业生产的产品，可以先去了解同行业机械企业使用后对该产品质量、价格服务的评价，再修改自己的订货条件并签订合同。在库存管理方面尽可能实行经济订货方式，使库存成本最低化。

工程设备招标以及采购是企业管理工作开展当中的重要内容，不仅关系到工程质量，且关系到企业的生产效益，需要企业在工作当中能够引起重视。在上文中，我们对工程设备招标采购管理进行了一定的研究，在该项工作实际开展中，需要能够做好重点把握，以科学招标采购管理方式的应用保障工程的顺利高质完成。

第六节 工程机械设备现场管理

工程机械设备的使用特点，工程机械设备在施工现场管理面临的难题，提出工程机械设备现场管理的措施。

在施工过程中，机械设备的自动化水平较于过去有很大提升，同时管理难度也越来越大。工程机械设备的现场管理需要完成一系列细致的工作，为了将工程机械设备的损耗降到最低，也为了尽可能延长设备的使用寿命，探讨工程机械设备现场管理的方法。

一、工程机械设备的优点和使用特点

（一）工程机械设备的优点

作为机械化时代的产物，为了使工程作业的进行更加高效方便，人们研制出各种工程机械设备。工程设备在工程作业过程中更高效、方便，能代替人力完成一些以往不能完成的工作。工程机械设备在某些危险场合可以代替人力进行工作，这在很大的程度上提高了工程作业人员的安全性。在安全和高效的同时，工程机械设备还兼有高经济效益的优点，工程机械设备自动化程度高，进行工作不知疲倦，工作力度和强度都有了保障，人力大为节省，在很大程度上缩短了工期，从这些方面来讲，工程机械设备对经济效益的提高有很大贡献。

（二）工程机械设备的使用特点

（1）露天工作。一般工程的施工都是在户外进行，工地上使用的工程机械设备也是常年在露天作业。露天作业时，工程机械设备很容易受到环境因素的影响，比如恶劣天气、高温、日照等。雨天时会担心雨水和湿泥进入到机器当中，影响机器的正常使用，晴天时又会担心飞扬的尘土顺着机器的缝隙进入到机器的内部对机器造成损耗，同时高温、低温这些都是在户外使用工程机械设备时需要考虑到的问题。因为是露天工作，所以对工程机械设备的管理要求变得非常严格，相对而言，工程机械设备的管理工作难度也在增大。

（2）工程机械设备结构和种类复杂。在科学技术不断进步以及世界范围内工程量迅速增长的背景之下，各种各样复杂的工程机械设备随之出现。工程量和种类各种各样，同时工程机械设备在工程中也有着明确分工，因此工程机械设备具有种类复杂、数量繁多的特点。每一种工程机械设备随着所完成的工作内容不同，在结构设计、工作原理、各部件外形以及复杂程度上各不相同，因此在管理上增添难度。

（3）工程机械设备的施工有很大的流动性。一套工程机械设备不单单只是为了一个工程而生，这就表明了工程机械设备要在不同的工程之间流动，即流动性特点。有些工程机械设备即使完成同一种工作内容，也不只是在同一地点施工，工程机械设备的工作要随着工程的流动而流动。工程项目的市场一直在进行招标改革，招标改革也在一定程度上增加了工程机械设备的流动性。

（4）工程机械设备的购买金额大。因工程机械设备的各种优越性以及在施工中的高效率，同时也因为工程机械设备在研发和制造时工序复杂、投资量大，就造成了大量的工程机械设备价格昂贵。工程设备的购买成了施工的必要成本支出。

二、工程机械设备管理面临的难题

（一）工程机械设备管理遇到的客观因素影响

所谓客观因素就是不受人为控制的影响，比如天气等超出人力主观范围之外的因素。露天作业使工程受天气等客观因素影响大，在进行户外工程时，大风、雨雪、高温、低温恶劣天气都会使工程机械设备产生损耗，甚至破坏整套的工程机械设备。不过随着手段的进步，人们现在面对客观因素的影响时不再无能为力，已有了不同的应对方法。

（二）工程机械设备现场管理中遇到的主观因素影响

（1）工程机械设备现场管理相关制度不够完善。在进行工程机械设备管理时，管理人员很容易产生懈怠的情绪和行为，而制度可以对工作人员的工程机械设备管理工作进行强制性的约束。但现在工程机械设备的管理机构和相关制度非常不完善，甚至有些机构管理意识薄弱，管理班子缺失，管理人员少之又少，职责不分明等等。在制度上没有明确的规定，对于工程机械设备的管理条例不够清晰，在细致性上大大缺失，相当一部分企业甚至没有一套完整的工程机械设备管理制度。这就导致在工程机械设备的管理方面职责不明确，管理方法不当，追责系统不完善，导致强制性不够，对工程机械设备的管理造成了极其不好的影响。

（2）在进行工程机械设备的购买时没有做好规划。工程机械设备市场的竞争越来越激烈，而因为社会各级对工程的质量和进度有更高的要求，这就要求施工方对工程机械设备需及时地进行采购。但是因为工程机械设备发展速度过快，有些企业跟不上工程机械设备的更新速度，落后于潮流，这就导致了企业在进行工程机械设备购买时有一种盲目性，或者某些施工企业在购买工程机械设备时没有考虑到企业自身的实际需求，所购买的工程机械设备不符合施工的要求或工程机械设备的适用范围窄，这就是企业在进行工程机械设备的购买时不妥善规划的坏处。在设备管理方面，若工程机械设备购买没有妥善规划，就会造成设备管理机制也得不到规划，甚至紊乱，对整个工程都有着连锁反应。

（3）工程机械设备现场管理技术落后和人员缺失。工程机械设备的更新比较快，对应新的工程，很快就会有新的工程机械设备出现。在工程机械设备更新换代的过程中，同样不断有新的工程设备管理方法出现，有些企业的管理机构在机械管理方面的意识薄弱时，会跟不上管理方法的更新速度，或不愿意主动接受新的方法。在工程机械设备管理意识薄弱的公司，甚至工程机械设备管理机构都不完善，这就造成了工程机械设备管理人员缺失，在真正进行现场工程机械设备管理时，人员方面跟不上要求，造成技术方面和人员方面的双失误，不能给工程设备管理及时的维护，最终造成工程机械设备的损伤。由此可见，在工程机械设备现场管理时，一定要从公司高层做起，达到对管理观念的转换，对管理技术的重视，对管理人员的培养，这样才能使工程机械设备的使用寿命延长，并且持续优秀的为工程做贡献。

三、工程机械设备现场管理的措施

（一）提高工程机械设备现场管理的意识

增强意识是进行良好的工程机械设备现场管理的根本。针对现在大多数施工企业高层方面工程机械设备现场管理意识薄弱的情况，可以先进行意识传导，将工程机械设备现场管理的重要性在公司中进行传播，将工程机械设备现场管理达到一个所有人都不可忽视的高度，使所有人都注意到工程机械设备的现场管理，而不是像从前一样应付了事。观念是根本，只有将观念彻底转变，才能更好地开展其他后续的工作。只有公司上下都注意到工程机械设备现场管理的重要性，才会真正有助于后期在施工时对工程机械设备现场的管理。

（二）建立健全工程机械设备现场管理的相关制度

制度具有强制性，制度能对企业在进行工程机械设备现场管理工作时进行约束。但同时制度也是标准，是工程机械设备现场管理工作进行时的标准。有了健全明确的制度，企业在进行工程机械设备现场管理时才能更加清晰，才不会盲目。有了制度之后，相关管理人员在进行工作时，才能依靠制度对工程设备的现场管理做到最精准的工作。还有一点就是，制定相关制度也是观念转变和重视的表现，对制度的制定在一定程度上还能提升企业人员的意识。只有建立健全工程机械设备现场管理的相关制度，才不会使管理工作放任自流，才会给管理套上制度的绳索。

（三）工程机械设备现场管理需要技术和人才双投入

当前社会在高速发展，与此同时，工程机械设备现场管理方法也在与时俱进。在设备更新换代的同时，管理方法也不是一成不变的。企业在购买新的工程机械设备时，也要在设备的管理方法上下足功夫，要派出企业的工程机械设备管理机构对新设备的管理技术及时地进行学习。在人才方面，为了表明对设备管理的重视，公司可以培养专业的工程设备现场管理人才，或者把工程设备的现场管理外包给专业部门，请专业部门指导，这些都是很好的方法。

工程机械设备的现场管理关乎整个工程的流程、效益、工期和质量等等各方各面。每一个施工企业都应该与时俱进，在引进设备的同时也引进工程机械设备的现场管理技术。对工程机械设备进行良好的现场管理能使工程获得利益的最大化，也能在公司长远发展的道理上增添一份重要的力量。

第七节 工程项目租赁设备管理

本节对当前工程机械租赁管理中存在的问题及原因进行分析，并提出提高租赁机械设备管理工作的方法，为相关工程提供参考。

科学技术的不断进步，要求合理配置、科学使用工程设备。提高设备利用率，是工程设备管理工作的主要要求。本节就当前工程机械租赁管理方面存在的问题和提高工程机械租赁管理的方法进行论述。

一、当前工程机械租赁管理中存在的问题

（一）机械管理机构不健全，管理制度不完善

设置设备管理人员1名甚至由物资人员兼职，是目前各施工单位的现状。因此，人力配置无法满足多样化的设备管理、精细化经济成本的要求。甚至部分施工单位仍缺乏完整、严格的机械租赁管理制度，对租赁机械设备的台账、技术资料、人员档案的建立等工作尚未完善；有的项目部甚至在租赁设备进场后，未登记，未对设备进场验证，不能明确租赁机械使用费用的统计管理和经济核算。

（二）租赁设备的市场资源过少

根据现在的财务制度，自然人租赁模式已不能满足现有的施工企业，小规模的纳税人单位又不具备一定的风险承担能力，同时可用的设备租赁供应商少之又少。

（三）公司机械租赁管理制度的不合理

面对公司严格的设备租赁管理制度，要求先审批后租赁、先签合同后进场，公司所属各项目部面对施工生产压力，基本无法做到公司的相关规定，不得不先租赁后审批，先进场后签合同。

（四）租赁设备安全管理主体不明确

现有的设备租赁单位多为自然人或小规模纳税人，现场的施工机械仅有操作司机1名，项目部物机部会同安质部会定期对设备操作人员培训安全操作规程及安全注意事项，但各设备操作人员与租赁供应商老板是雇佣关系，供应商老板与项目部是租赁关系，项目部安全管理的主体应为设备租赁单位。但设备租赁单位没有负责人在现场，项目部应要求租赁单位必须要求负责人在现场，并对租赁单位现场负责人定期进行安全培训，对操作司机的安全教育应由租赁单位与项目部共同进行培训。

（五）租赁设备的现场使用管理的漏洞

租赁设备分为月租设备、临租设备和以工作量计价的设备，根据施工需要长期使用的且没办法或难以以工作量计价的设备一般会采用月租方式租赁，偶尔使用、临时使用或工作量不多的设备一般会采用临租的方式租赁，需要长期使用且容易统计其工作量的设备应采用工作量计价的方式租赁。

月租设备现场作业，存在设备作业人员偷懒、现场工作面不足及现场施工安排机械不合理的现象，导致作业时间时而不饱满，时而需要加班抢工，从而浪费作业时间，降低工作效率。

按工作量计价的设备，作业时根据施工阶段的不同存在高峰期与低谷期，高峰期作业量大，多劳多得，工作积极；低谷期工作量少，作业挑剔消极怠工，严重影响现场施工效率。

临租设备作业效率高,作业司机服务质量高,但使用需要提前约定,且单价过高不易长时间使用。

三、提高租赁机械设备管理工作的方法

(一)选择租赁设备供应商

做好前期的市场调查,尽量选择有规模、有实力、有信誉、能承担必要风险的设备租赁供应商(尽量选择一般纳税人单位);若租赁方为自然人,可推荐其挂靠有实力的公司(可与之签订安全保证协议);尽量减少设备供应商数量并要求各设备租赁供应商指定专人在现场负责其设备。以便配合物机部门尽快地做好现场管理及结算付款工作。

(二)遵守公司各项规章制度

据施工计划,加大设备的需求计划;需要提前做好租赁审批工作。根据前期的市场调查,针对合格的设备租赁供应商,提前报批多台能用到的设备,在设备进场前或进场时先根据公司下发的机械租赁合同范本草签一份租赁合同,正式的租赁合同等公司各部门审批通过后重新签订,以便后期临时需要时不能及时审批,影响设备及时进场使用。

(三)选择所需租赁的设备

严格把控进场设备的数量和质量,全面了解设备性能,对作业司机从多方面考证,切实提高其现场的服务水平,并定期会同设备出租单位对其做好安全教育培训工作。

(四)租赁设备的现场使用管理

1. 月租设备的时间量化管理

月租设备可以将油料费用也考虑进去,全部按工作时间计费,多干多得(例如,1台汽车吊月租费用25000元,平均每月耗油6720元,按照合同要求每月工作时间不少于260h,每天工作时间按9h计,每月需作业270h,平均每小时117元,若一天工作8h共计所得936元,每月所得28080元,若每天工作10h,每月所得35100元),这样就提高了操作人员的作业积极性。同时要求作业司机把作业内容及作业时间写得清清楚楚,现场签认明明白白,使物机部每月能将每个工号机械的使用费统计清楚。

2. 工作量计价的设备租费平均化管理

工作量计价的设备始终存在高低谷时期租费的不平均化,可以将按工作量计价的设备单价根据高低谷时期的施工计划量做出适当调整。例如,根据施工计划安排,每月泵送量在1000m^3以下,单价43元/m^3(或考虑临租);每月泵送量每增加100m^3,泵送单价每方减少1元;当月泵送量达2600m^3时,单价为27元/m^3;然后每月泵送量每增加100m^3,泵送单价每方减少0.5元;当月泵送量达4000m^3时,单价为20元/m^3;4000m^3作为每月泵送量的中介值,泵送量超过或等于4000m^3单价都为20元/m^3。

总之，工程单位在项目租赁设备管理中应采取各项措施，监督落实各设备的维修保养工作，避免或减少因机械设备事故造成对施工现场的影响。做好设备租赁管理的经济核算工作，严格控制机械使用成本，提高有效利用率，保持设备的良好技术状态，最大限度地发挥租赁设备的使用价值。

第八节 战备工程设备备件管理

战备工程设备备件管理关系到工程设备正常运行，直接影响部署或储存的武器装备性能，以及部队战备训练和作战行动，是战备工程维护管理的重要内容。本节分析了某地下战备工程设备备件管理的现状，从提高该工程阵地勤务保障的可靠性、设备运行的安全性、经济性等角度出发，提出了战备工程设备备件的优化管理方法。

合理的备件储备水平，既可以保证战备工程阵地设备的安全可靠运行，又可以有效控制库存，减少备件的占用资金。因此，战备工程管理者应积极研究现代设备备件管理方法，科学制定备件库存管理策略，努力解决备件管理中存在的突出问题，着力使战备工程军事、经济效益最大化。战备工程的特点决定了其备件管理的总体原则，以及在战备工程设备维护管理和工程阵地勤务保障中的重要地位。第一，设备备件品种数量多；第二，专业备件所占比例显著，且价值较大，寿命周期差异大；第三，一些备件为非标准产品，采购周期长，替代差异大；第四，部分战略物资或军用设备对备件可靠性、稳定性要求很高，且采购来源较为单一；第五，大部分战备工程位置偏僻，对保密性要求很高，社会化供管模式受限。因此，针对战备工程自身特点进行设备备件优化管理的研究，要着眼于提高工程设备运行可靠性、安全性考虑的基础上，再考虑设备备件管理的经济效益。

一、战备工程设备备件管理现状

目前，有的战备工程，设备管理者出于战备工程本身"安全第一、可靠保障"的保守型策略，通常希望备件的数量越多越好，导致了备件占用存储区域和资金越来越大，仓管难度增加，资源浪费严重。比如，某大型地下战备工程库存结构不合理，设备备件库存金额高达3500万元，其中库存时间超过3年以上的备件比重高达50%，而这部分备件属于长期积压和闲置。

导致出现以上情况的原因主要有以下几个方面：一是备件分类不合理，库存管理策略不清晰，通用易购备件采购量过大，而一些关键性维修备件反而缺货；二是备件管理制度不完善，备件报废和修复程序烦琐，一些已经报废的备件长期存放于仓库内，一些可以修复的备件未及时组织修复；四是缺乏综合的设备信息化管理系统，备件使用效果及寿命等关键信息无法有效传递，设备使用单位与机关业务部门缺乏有效沟通，导致备件需求预测不准确，采购计划盲目性较大。

二、战备工程设备备件分类方法及改进

科学制定备件库存管理策略的基础是备件的分级管理。目前,ABC 分类法已经广泛应用于备件库存控制管理中,并产生了巨大的经济效益。该分类法是根据设备备件占用年消耗总资金的多少和占用品种总数量的比例大小将备件分为 A、B、C 三类。A 类零部件价值最高,年消耗价值占 60%~80%,品种数量占 10%~20%,这类备件应该重点关注,加强管理,严格控制库存量;B 类零部件价值适中,年消耗价值占 15%~40%,品种数量占 20%~30%,可以按照经济订货批量进行订货,合理储备;C 类零部件价值最低,年消耗价值占 5%~15%,品种数量占 50%~70%,应当简化管理,可以采取集中订货方式,也可以根据周边供货市场情况采取"零库存"模式。

这种传统的 ABC 分类方法使用备件批量和备件价值作为分类标准,将其应用于经济指标具有绝对重要性的备品备件管理时更为有效。然而,评估阵地设备备件的重要性通常取决于备件和设备的重要程度以及设备保障对象的重要性。传统的 ABC 分类方法,划分为 C 类的备件也可能是关键性备件,缺货势必会导致严重的停机损失,具有很大的片面性。针对其存在的缺陷,国内外许多学者展开了广泛的改进研究,比较有代表性的方法有 3A 库存管理、ABC-VED 分类法、基于 AHP 的 ABC 分类法和基于 AHP-DEA 的 ABC 分类法。这些改进方法大部分是基于备件的重要性(缺货影响的程度)和经济性(占用资金的大小)、易得性(采购周期的长短)等多个指标作为分类依据,采用现代综合评估方法,结合 ABC 分类方法,对备件进行分类。

针对战备工程的特点,应采用 3A 库存模型分类方法。根据设备及备件重要性标准,该方法首先用 ABC 分类法对设备进行分类,然后用 ABC 分类法对部件进行分类,最后用 ABC 分类法对零件进行 ABC 分类,从而划分出最重要、较为重要、不重要、最不重要的四个备件级别,并分别采取冗余库存、一般库存、可短缺库存、零库存等库存控制策略。该方法具有更强的目的性,充分考虑了尽可能减低备件缺货损失风险,并兼顾了最大限度控制库存规模,相对其他方法简单高效,备件分类工作量小,实用价值高。

三、战备工程设备备件的定额管理和优化

备件管理的关键在于备件的定额管理和动态优化。目前,有的战备工程缺乏备件储备定额标准,有的建立了备件定额标准,也未在备件定额管理中发挥作用。其主要原因,一是定额不合理,过大过全,不具备可行性。二是定额与实际库存脱节,不能有效发挥作用。因此,要全面系统的掌握备件定额管理和优化的方法、流程,实施备件储备定额动态管理。备件定额管理和优化的流程,包括需求分析和优化供给两个阶段及四个主要步骤。需求分析阶段,首先是定性确定备件需求,即利用故障树分析设备故障类型,确定备件需求种类及基本属性,包括备件的关键程度分析;然后是定量分析备件需求,根据历史需求做出需求预测,这里需要分析计划性、非计划性、平时订购和紧急订购等各种需求。优化供给阶

段,首先是评估当前的库存结构,确定拟报废备件、储存过量备件以及需要补充的备件等;然后是通过数学建模方法,利用计算机模拟系统,优化库存策略。为实现备件的定额管理和优化目标,针对战备工程特点和现状,建议做好以下几点:一是建立基于计算机网络的备件信息系统,引入企业计划资源计划系统(ERP)、计算机辅助维修管理系统(CMMS)或 TnPM 设备综合管理系统。二是确保备件需求清单和历史消耗记录完整准确,在设备采购安装阶段或者工程投入使用前,由设备供货商或专业设备管理咨询服务公司完成维修物料清单,并在今后通过建立的信息化系统不断维护和更新。三是在符合安全保密规定的基础上,加强军地合作,与地方专业设备管理咨询服务公司合作,定期做需求预测分析和备件定额优化。

四、战备工程设备备件供管模式的创新

当前,军民融合发展已经上升为国家战略,并随着军民融合的深度发展,越来越多的国防军工企业和地方民营企业的人才和技术延伸到部队勤务综合保障中,使部队勤务综合保障效益得到了显著提升。比如,京东联手国防大学联合勤务学院探索军民融合新模式,深化供应链合作,共享仓储设施建设,通过构建"军队后方仓库+地方物流"体系,提升军队通用物资保障效益。军民融合发展战略对于战备工程维护管理和勤务综合保障能力提升来说是个机遇,对于研究并推行战备工程设备备件供管新模式提供了条件,战备工程通用设备维护维修社会化和备品备件供管社会化正在成为一种趋势。

目前,已经形成了备件"零库存"管理模式、联合库存管理模式(JMI)和供应商管理库存模式(VMI)等不同形式的备件供管社会化实践模式,并且得到了广泛应用。但是,对于战备工程来说,根据自身特点和实际,不能机械照搬,更不能简单地选择一种备件供管社会化模式。专用备件由于供货渠道单一,供货周期长,缺货风险大,应当采用部队自己储存与制造厂供货结合起来的备件储存模式。通用备件,特别是非关键性备件,市场存储量很大,应当考虑采用"零库存"模式,建议选择第三方战略合作伙伴或具备一定资质的供应商,由供应商自己建立供应链、网络行业库,当部队需要使用时,由供应商及时送货,然后定期依照合同商定的单价结算。由于联合库存管理模式(JMI)和供应商管理库存模式(VMI)的实施都需要充分利用现代信息技术,建立完善的军地信息交流平台,也需要专门机构对每类备件的社会化保障风险进行评估,最终确定合适的战略合作伙伴,因此这两种备件供管模式在战备工程中的推广和实施需要做的工作还很多。部分部队建立了内部的区域联合库存共享机制,通过军内共享的网络化平台,区域内的工程设备关键备件可以互相调拨,实现资源共享,效果明显,值得推广。

设备备件供管模式也与设备维修策略密切相关,不同的设备维修策略将导致不同的备件供管模式。目前,战备工程主要采用计划修理、日常预防性维修、事后维修三种设备维修策略。从上述三种维修策略来看,计划修理(小修、中修、大修)可以提前预测备件需求的类型和数量。该类备件可以采用零库存策略,按照采购周期长短在计划维修展开前订

货。有的战备工程设备管理水平较低，未全面推广点检定修制，且预防性维修周期确定不合理，关键性工程设备时常出现紧急故障，需要立即组织维修，备件需求非常紧迫。这些备件应始终确保其安全库存量。实施零库存管理模式，可以选择合适的维修外包模式，把部分非核心涉密区域的需要定期保养维护的通用设备外包给专业的维修公司或军工企业，如空调机、水泵、吊车、叉车和高低压设备等，备件也由外包公司提供，部队把主要精力放在关注核心区域关键设备备件的库存管理上。

通过改进备件分类管理方法，建设信息化设备管理系统，优化备件管理流程，实行备件储备定额动态管理，采用"零库存"等多种备件储存管理策略，既能保证战备工程设备的可靠运行，又能降低备件的占用资金，从而最大限度地发挥战备工程的军事、经济效益。

第九节 工程项目中的设备成本管理

建筑企业想要在现阶段实现不断地发展，首先就需要在工程项目的成本上做好管理和控制工作，不断提升自身对项目和设备的管理水平，从而保障工程项目具备科学性以及有效性。针对工程项目中的设备成本管理进行分析，提出现阶段工程项目管理过程中出现的问题，并针对问题出现的原因提出相关措施。

在现阶段的工程建设过程中，部分企业往往受到了利润的驱使，追求利益最大化，从而忽视了对工程项目成本的有效控制。因此在工程建设过程中，需要针对设备管理工作进行不断加强，全面提升设备管理水平，以此来推动项目工程的顺利开展。此外，设备是工程项目建设过程中的主要生产工具，能够直接影响到项目建设质量和社会效益，因此才需要建立起工程设备管理工作，这样才有有效地对项目的发展增加新的动力，提高项目建设质量。

一、工程项目中的设备成本管理中出现的问题

（一）设备维修资料不健全

这是我国工程建设过程中比较常见的问题，部分建筑企业在工程建设过程中，没有对自身工程项目设备的维修资料进行全面掌握，再加上设备维修人员在工作过程中，并不能使用最新的维修手段和方法，了解和把握当前市场形势。因此在这样的情况下，建筑企业只能招聘更具专业性的人员或委托专业维修机构对项目设备进行维修，支付相对较高的维修费用，造成企业成本增加，同时也给企业带来了经济负担，甚至耽误工程建设期限。

（二）设备老化

工程项目在实施建设中，项目和设备出现问题，一般情况下都是设备老化、陈旧导致的，尤其是工程建设中使用相对频繁的挖掘机、平地机等机械设备，这些机械设备基本上

都是转自上一个项目，因此在实际运行过程中，往往存在着许多安全隐患，部分部件出现破损之后，很难实现零件互换，只能重新购买，造成工程项目成本增加。此外，工程建设中，还会受到资金周转以及设备故障的多种影响，导致项目资金和配件出现挤压，从而阻碍了工程建设工作的顺利开展。由于工程设备自身具有多样性和精密性，因此设备中出现的一个小失误就会直接影响到整个工程建设实施，因此加强工程建设中设备的成本管理工作至关重要。

（三）设备节能降耗关注不到位

一方面机械设备更新速度快，而工程项目选购的机型往往比较陈旧，加之使用过程中维修保养、技术更新不够，随着机型、机况的变化，设备消耗成本也随之加大。另一方面，设备的运作效率和消耗成本也取决于装备智能化程度、地质结构、管理水平、施工队伍素质、施工进展阶段等综合情况，而装备智能化程度则是最为关键的因素。如，空压机空载率的高低，在装备实现了智能化控制后，地质结构、管理水平、施工队伍素质、施工进展阶段等综合因素就无法影响压缩机空载率。工程项目往往因只顾眼前利益，不能及时更新机械设备或实现智能化控制，反而造成设备消耗成本日趋加大。

（四）设备成本管理方法单一、手段落后

随着不可再生资源石油的消耗不断增加，汽油柴油价格呈现不断上升趋势，汽车油料消耗在项目管理样。与之相对应的是，工程项目的监控方式和技术手段仍停留在传统、单一、落后的状态，对车辆的油耗管理多是依据行驶里程、以往经验来匡算消耗的油量。正是这种不平衡发展模式，造成工程项目设备管理面临三大主要难题：一是车辆管理难。无法对运行车辆进行有效的调度管理，同时油料的非正常消耗也随着油价的上涨而愈演愈烈，且其形式多、是否按规定线路行驶以及有无私人业务等，均不能有效掌握。二是燃油费用控制难。不良司机与加油站勾结虚开加油发票，司机不按实际加油量报销燃油费用；不良司机偷卖车辆剩余燃油；导致车辆油耗虚高。三是人、货、车的安全保障难。车辆外出时缺乏有效的盗抢防范措施，人、车的安全不能得到有效保障。

二、工程项目设备成本管理的措施

（一）完善设备维修资料

由于设备的成本管理工作是一种系统性的工作，因此想要完善设备维修资料，需要项目多个部门的共同配合及工程建设人员的共同努力，采取合理分配人力资源的方式来实现工程项目设备成本管理的有效性，完善设备维修资料。以目前项目工程建设的实际情况可以了解到，工程项目设备管理工作具有很强的专业性，因此在设备的维修中，需要专业性人才来实施这项工作，并确保其他建筑企业各个部门之间能够相互合作，将设备维修资料不断完善，从而落实项目设备成本管理工作。

工程技术与设备管理

（二）改善项目建设设备

想要做到这一点，首先需要建筑企业为能够加强项目的计划管理工作。这项工作是我国下阶段物资设备成本管理中的一项主要内容，并且还能够直接反映出设备在管理过程中的整体水平，同时还会直接影响到工程建设所带来的整体工作效益。为了能够确保设备成本管理能够顺利进行，就需要工作人员能够针对这一点，做好项目设备计划管理工作，并与工程建设过程中的实际建设现状相结合，保证施工建设工作能够与计划管理保持一致性，同时当计划工作完善之后，还需要及时对其进行核对，并查看工程建设的主体资料以及出现的问题，以此作为项目采购工作的依据，保障项目计划能够满足当前工程建设需求。如果在工程建设工程中出现了相应问题，应当第一时间与技术人员和企业管理工作者联系，制定出更为完善的方案，保证提升项目设备成本管理水平。

（三）运用节能环保型设备，及时有效运用高科技进行设备管理

通过不断的学习，了解设备性能；通过改造、技术革新提高设备节能、环保，高效地为项目服务；施工过程中努力寻求各种降低消耗，提高高效的新工艺、新技术、新材料等措施。在设备管理方面，正确选配和合理利用机械设备，搞好设备的维修保养，提高完好率、利用率和使用率等等。如空压机、通风机能耗在项目电费支出中占比较大，节能降耗值得关注。在项目施工现场调研时通过与现场人员交流得知，施工供气用空压机降低能耗可以降低施工成本。在后续调研中，通过查阅相关资料等方式，直接采集和间接收集了各项目空压机配置及使用工况信息，并咨询空压机配气专家和空压机生产厂家，得出了通过合理配置、科学使用空压机可以显著降低工程项目施工过程中的耗电成本，值得应用和推广。

案例：为确切掌握传统与变频空压机的功效差异，在某工程项目进行了试点，并将传统空压机和改装为变频螺杆空压机 5 个月（771 小时）的运转数据进行了对比，根据运转数据，同等条件下的变频螺杆空压机比传统螺杆空压机每小时可节约用电量 41.5 度电，按每度电 1 元计算，5 个月节约用电达 31996.5 元。

对于建筑企业来说，同时施工数个工程项目、使用数十台甚至数百台空压机是普遍现象，空压机总空载耗电导致的浪费，是一个惊人的数字，如果能克服节省下来，经济意义可观。

（四）更新、丰富设备成本管理手段

针对车辆及油耗管理的现状，迫切需要一种实时的带有车辆定位功能的油耗监控系统，能够在不影响车辆任何操作和功能的基础上，全程实时监控车辆的位置及燃油消耗。GPS是安装在监控车辆上对车辆进行监控，并统计定位信息与液位线性油量传感器统计的油箱油量数据信息，包括油耗在内的各种报表的调取和打印、接收／处理报警、图像处理功能和其他信息服务，实现对车辆的定位监控与油耗的监控。

案例：根据市场调研和安装实测，车辆加装 GPS 燃油监控系统后，可以有效地保障

机械设备过程管控及油耗管理。根据两个工程项目的试点结果，在车辆管理和油耗控制方面都有了较为显著的效果。安装 GPS 监控系统前，砼运输罐车每立方混凝土最高油耗近 4 升，加装后监控系统后，平均油耗仅为 2 升，油耗成本节约近 1 倍。另，GPS 监控系统更有利于车辆、人员的管理，一定程度上节约了管理成本、提高了施工效率。

（五）加强租赁设备管理，有效控制租赁成本

一是狠抓租赁设备制度体系建设，强化源头控制，规范租赁设备管理行为。制定设备租赁审批、派遣、限价控制、月结算审批、月通报、月公示等一系列制度，规范租赁设备行为，相对提高了租赁设备的利用率。从源头对项目设备租赁数量、租赁单价以及设备状况等进行严格把控。二是通过公示晾晒租赁设备等核心业务，使得设备管理阳光化。建立设备租赁月通报制度，每月利用公司办公平台、内部网站等通报各项目每月租赁设备数量、单价。通过扩大信息受众面，接受多方监督，并设立举报监督电话，发挥广大员工的监督作用，从而促进租赁设备管理阳光化、规范化。

为了能够保证工程项目中的设备成本管理的有效性，需要管理人员能够结合当前管理基础，从而实现项目资源的有效管理，将人力、物力以及财力资源有效利用和分配，并结合现阶段工程进度进行分析，保证工程建设质量与工期的基础上，有效降低项目采购中成神的成本，提升项目本身对资金的使用率，进一步实现项目的整体建设、企业自身经济利益以及项目所带来的社会效益。

第十节　工程机械设备辅助监控管理

本节主要对工程机械设备辅助监控管理的具体应用展开深入化研究分析，解决了其重、难点问题，降低了机械事故出现率，实现了机械设备安全管理控制的目标。

一、应用工程机械设备辅助监控管理的必要性

新时期发展背景下，越来越多的信息技术应运而生，如地理信息技术、现代通信技术等，从中可看出，辅助监控管理已是未来发展主要趋势。然而基于现阶段实际情况来看，因受种种原因影响，导致工程机械设备运行仍处于不安全状态，进而非但不能实现机械设备应用最佳效果，还会对人们生命安全产生威胁。因此，这就需要相关工作人员需不断提高自身对监控管理工作的重视程度，促使工程机械设备能进一步向智能化方向发展，从而提升企业综合竞争实力。

二、关于工程机械设备辅助监控管理系统的设计分析

根据相关调查显示，一般工程机械设备辅助监控管理都是分为 2 个子系统结构，即信

息管理平台和远程监控平台,并将工程机械设备监控管理软件设置在服务器上,在机械设备上进行数据信息采集终端的安装,进而便于将所收集到的数据信息制作成数据包形式传送到服务器中的数据库之中,便于合理整理存储。同时用户还可借助互联网计算机展开机械设备实际运行状态的合理监测,一旦发现工程机械设备运行出现问题便要立即采取有效措施进行治理,并且通过历史数据查询功能有效回顾机械设备以往历史运行情况,便于制定更加完善应对措施,实现工程机械设备辅助监控管理最佳成效。

三、关于工程机械设备的信息化、程序化及标准化监控管理

根据相关调查可知,在现阶段的大多数工程项目开展过程中,都具有以下特点:即大型机械设备数量较多、实际重量较大及工作时间较长等,特别是在工程项目梁段施工阶段采用的整体吊装及梁底纵向运输设备,其属于新型研发机械设备,因而具有一定特殊性功能,在充分考虑到工程机械设备运行存在的重要性后,相关部门可借助信息技术手段来适当增强对机械设备使用期间的安全监控管理,还可通过固定完善化的监控管理表格来定期展开内容检查工作,从而便于实现工程机械设备安全监控管理最终目标。

(一)大型吊装设备在线监测及报警

通常来说,在展开工程机械设备监测及报警工作时,主要包括以下几方面内容。

1. 系统功能

塔吊等安全预警与监控系统是用于复杂施工环境下单个塔吊及塔吊群协同作业的安全监控系统的,且其中每台塔吊上的监测仪在对单个塔吊自身状态如吊重、力矩、高度、回转角度、幅度、风速、倾角等展开监测的基础上,还应利用无线传输模块使同一施工区域内相互关联的塔吊组成网络,进而便于让每个塔吊的状态信息可通过信息网在各塔吊之间进行传递。同时每个塔吊的主机还可根据测量到的本机和其他塔吊的信息,进行塔吊安全状态计算,并根据结果进行报警或切断不安全方向的动力源。此外,对于特殊性塔吊来说,如高压输电线周围、交通线路附近等,都能根据塔吊安装施工提出的标准要求展开合理化预警和监控工作,进而便于对塔式起重机运营过程中的各种危险提供实时预警、无线传输、远程监控、地面管理、操作记录等全方位安全防护监控帮助。

同时其具体所包含的功能分为以下几项:

(1)运行数据采集功能。主要是指通过一些精密传感器来针对工程机械设备实际运行情况展开数据信息的合理采集,如高度、幅度、风速、角度、回转角度及力矩等,便于促使工程机械设备能够长期处于安全工作状态。

(2)真实显示功能。主要是指监控显示屏幕通过图形数值形式来准确真实展示出目前工程机械设备实际工作参数和塔吊实际工作量,便于让塔吊人员能更加直观地了解到塔吊的工作状态,使工程机械设备运行得更加顺利。

(3)单机运行状态监控功能。具体就是指针对单台塔吊中的一些运行指标进行合理

规范约束，如变化幅度、实际重量、高度变化、工作角度及实际风险等，一旦靠近额定限值便会发出声光预警和报警，及时有效控制存在的安全隐患。

（4）单台塔吊防碰撞功能。即全面详细检测塔吊实际运行情况，并将检测所得数据信息传送到塔吊司机，便于让其更加充分地掌握塔吊实际运行情况和周围变化因素，进而能在安全隐患产生前就做好预防处理工作。

（5）单机防碰撞监控功能。主要是指一旦监控管理单台塔吊与建筑结构之间出现任何碰撞或与塔吊自身限制位置发生干涉，都将在靠近额定限值时发出声光预警和报警。

（6）远程监控平台。即利用无线网络工具来将塔吊运行数据信息顺利传送到网络监控平台中，进而便于实现塔吊安全运行的实时、动态、开放性监控远程监控。同时该种监控手段还能全面反映出以往相关历史信息，便于开展各种信息数据查询工作。此外，一旦发现在塔吊工作中存在违规行为，便要立即通过手机短信设置来向有关人员发送手机信息，实时传达报警内容。

2. 系统硬件

根据相关调查显示可知，工程机械设备监控管理系统硬件主要是由以下几种构件组合而成：

（1）安全监测控制器。主要负责将各个传感器有效连接起来，将传感器中存在的电信号转变成数字量并展开合理化处理工作，最终在监控显示屏幕上真实显示塔吊实际运行状态。

（2）重量传感器。一般来说，重量传感器的代表性构件是钢绳，其具有精准度较高且安全简便等特点，完全不需要对塔吊的内在结构进行改变。

（3）高度传感器。该种类型传感器属于无触点电位传感器，主要用于测量塔吊小车移动情况和吊钩位置。

（4）风速传感器。通常风速传感器对机械设备位置监控有着极大帮助作用。

（5）角度传感器。通过编码器技术研制手段可充分保证塔吊工作角度测量的准确性，便于促使工程机械设备更好运行。

（6）监控显示屏幕。通常普遍应用于工业级液晶显示器，其具有耐低温、屏面保护、报警灯、抗干扰等优势。

（7）无线通信功能。通过将无线传感器互相组合在一起，有利于实现塔吊的及时通信。需注意，工程机械设备系统拥有不同用户登录权限优势，可便于随时观察了解不同机械设备实际运行情况。

（二）合理引进 PM+ 系统实现特种设备程序管控

根据项目特种设备各种类型，制定各种特种设备检验表格，检验内容分为日常检查及吊装前专项检查，并明确各种特种设备的具体负责人，制定程序化的特种设备管理工作流程，并通过 PM+ 系统，对各项检查内容利用手机实行有效的及时传送、存档，有效监督现场检查工作的落实情况，一旦发现存在任何问题便要立即上报到相关部门机构，便于及时提出针对性的处理措施，为工程机械设备始终处于稳定运行状态提供良好保障。

（三）工程机械设备的监控管理中心设计

通常来说，机械设备监控管理中心都是以地理信息系统为核心的，其借助通信系统、电子地图及数据库系统等多种管理工具，来展开机械设备的具体监控管理工作，具体包括以下几方面内容：

（1）通信系统。往往工程机械设备控制器存在的主要作用就是对传感器运行期间产生的各种信息数据进行准确收集整理，如用户信息、报警装置等，进而利用万维网来对每一移动站进行监控，监控平台一旦发现有限信息便要立即将其存储到数据库中。此外，需注意，在此过程中需开展较为复杂的编码、解码工作。

（2）电子地图。根据相关调查显示可知，通常工程机械设备监控平台需配置大量电子地图，不仅能便于实现比例大小的任意投放和准确查询，还能根据历史运行轨迹准确找出相关信息数据。

（3）数据库系统。数据库系统的主要存在作用就是准确记录所有来往机械设备数据信息，充分展现系统具有的数据恢复和备份功能，并且还能与企业内部实现有效连接，进而自动获得某一机械设备技术参数数据，如维修记录、日常检查、客户实际信息等，便于更加顺利开展机械设备辅助监控管理。

（4）信息管理系统。主要包含2点内容：机械设备信息管理和接收信息管理，其中机械设备信息管理主要是指对所有运行设备进行合理管理维护工作；而接收信息管理则是指从接收数据中有效分离位置信息，便于在显示屏幕上显示出该设备详细情况。

综上所述，随着社会经济水平的不断提高，工程机械设备实际需求数量也在日益增加，然而基于目前实际情况来看，因受到种种因素的影响，导致机械设备在实际运行中存在很多问题。在这种情况下就需要相关工作人员不断加大自身对其监控管理力度，切实提高辅助监控管理水平，从而为工程机械设备始终处于稳定运行状态提供良好保障。

第十一节　机电设备安装工程造价的控制与管理

机电设备安装项目工程造价由设备费、安装费以及其他管理费构成，其中安装费是建设工程造价非常重要的组成部分。如何加强机电设备安装工程投资管理，把建设资金控制好，最大限度地创造出投资效益是投资管理者孜孜以求的目标。本节介绍了机电设备安装工程造价的主要特点，探讨了机电设备安装工程造价的控制与管理措施。

随着工程的现代化发展迅速，机电设备的工程在如今的运用也愈加广泛，而相与之的工程造价也越来越高。工程造价是整个机电设备安装工程中重要内容之一，机电设备的安装费用占有很大的比重，因此，机电设备安装的工程造价控制分外重要，保证投资利用的科学性和合理性。

一、机电设备安装工程造价的主要特点

机电设备安装工程与土建工程造价工作总体相似，但是也有如下许多不同的特点。

（一）材料品种多、规格多、品牌多

比如电气安装工程的电缆就有阻燃电缆、铠装电缆、电力电缆、控制电缆等各种类别。各种电缆的线芯数量不同、截面积也不一样，往往电缆型号的一个字母、一个数字的差别就会导致单价的巨大差别；有时相同的电缆由不同的厂家生产，价格也会有较大的差异；在机电安装工程中一些具有相同功能参数的设备和材料，不同厂家的命名方式也不同。这给造价人员确定价格带来巨大的困难。

（二）新材料、新设备、新工艺、新施工方法不断出现

机电安装工程的更新换代速度远高于土建工程。近些年不断有新的材料取代传统材料，如果造价人员不能及时更新知识，可能对于有些设备和材料根本就不了解，具体的安装方式和辅料消耗也不清楚，这就会给造价工作带来较大难度。

（三）机电安装工程变更多

由于机电安装工程图纸由多专业（如电气、给排水、暖通等）分别设计，如果专业之间沟通不够，就会造成图纸中各专业相互干涉，在实际施工中局部通道无法相互避让，导致无法施工；同时机电安装工程还要与土建工程很好地结合，土建工程的预留孔洞要足够、位置正确；安装工程还要合理避让土建工程的梁、柱。一旦出现问题，都会造成安装工程的变更。

（四）预埋、暗装、暗敷工程多

机电安装工程为了达到设计合理、布局美观的要求，多采用预埋、暗装、暗敷等施工方式施工完成后，工程一旦隐蔽，现场将很难直接反映出安装所使用的材料规格、品种和尺寸。

二、机电设备安装工程造价的控制与管理措施

（一）设置科学合理的机电安装工程控制目标

在建筑机电安装工程具体实施之前，必须仔细地观察施工图纸、了解招标文件、校对施工合同。只有确保这些都没有问题，才能实施建筑机电安装工程项目的顺利进行。在施工开始前，要仔细地分析施工合同中提到的专用条款，尤其是造价控制的条款，将可能出现的问题做好提前的预防。在建筑机电安装工程中，管线的布置非常密集，极容易出现管

线相互交叉打架，导致施工无法按图进行，造成安装企业的麻烦。为此，在正式施工之前，要对施工图纸进行详细的分析，设定出科学合理的施工方案，并对可能出现的问题，设定好提前的预警措施，编制合理的图纸会审。在施工过程中，如有无法预期的问题出现，应即时做出合理的变更洽商，降低施工成本的损失，为企业创造最大的经济效益。

（二）提高机电安装工程材料管理

建筑机电安装工程和工程材料有着密切的关系，需要加强建筑机电安装工程材料的管理。在购买材料过程中，可以进行统一招标，派遣专业人士对其进行质量监控。建筑机电安装企业要和供应商达成合作战略，对工程材料、设备进行批量生产，从而对材料、设备进行科学的控制。同时，政府相关部门对外公布的建筑材料、设备的价格，为购买单位提供价格指导，建筑安装企业能够了解市场，对材料、设备进行合理的比较，对成本进行合理的控制，减少工程成本的投入。

（三）严格控制设计变更

设计变更是对工程成本最大的威胁。设计的更改预示着施工工艺、施工步骤、人员安排、材料安排等都必须进行适当的改善，这势必会影响工程造价。对于工程设计必须要坚持：尽可能减少改动，必须要大改的需联合全部有关单位参与设计更改。对于设计的更改必须要有严格的控制程序，基层施工单位不允许随意更改，高层领导班子也不允许私自更改，需经历论证与各参与单位同意才能更改。

（四）完善结算体系

工程结算是成本管控的最后一关，也不容忽视。工程结算是不可逆的，完成之后，建筑方的支出几乎是无法收回的。这一阶段的控制要点在于完善结算体系。工程结算必须严格按照图纸规格进行，并与合同订立、施工程序建立联系。要规范好工程最后的测量工作，通过专业的第三方来测量。最后一步的工程款额需等到质量全面检验完成以后才可交付。工程结算体系与制度的建立要根据之前与施工单位签订的合同进行，不能与合同存在出入的地方，否则容易遗留法律漏洞。

机电设备安装工程施工过程中，由于各种因素的影响，不可避免的可能会出现对工程造价产生影响的因素，在这些因素出现之后，要迅速查明因素的来源，是否符合之前的预算，是否在计划之内，再考虑要不要把这个因素加入到工程造价的影响中，只有这样严格控制安装工程造价的成本，才能在安装工程造价中，尽可能的降低成本的，尽可能获得更多的工程效益。

第六章　工程技术在设备管理中的应用

第一节　工业工程技术在设备管理与维修中的应用

随着我国工业的不断进步，工业工程技术的研究也在不断地深入，由此实现了工业工程技术的不断更新和完善。从目前的分析来看，工业工程技术在许多领域得到了突出的应用并取得了不错的效果，在设备管理和维修当中也获得成效。简单来讲，在设备管理和维修工作当中，工业工程技术的利用具有必要性，为了更好地发挥技术的利用价值，分析工业工程技术的特点并对其在应用中的注意事项进行研究，这样可以为技术的利用效果提升提供必要的帮助。本节就工业工程技术在设备管理维修中的具体应用做分析和讨论，目的是要为技术应用实践提供更为丰富的理论依据。

工业设备在工业发展中的利用价值显著，做好管理工作提升其利用效率有助于实现工业成本的控制。再者，积极地进行设备的维修，将其存在的问题彻底地解决，可以保证设备的持续性和安全使用。在这一系列的工作中，工业工程技术有着重要的应用，作为先进的技术，其使用能够有效地帮助提升管理的效果和维修的质量，从而将设备的利用价值进行进一步的提升。基于工业工程技术的优势明显，分析其在设备管理和维修当中的具体应用，探讨更为有效和合理的技术利用方式现实价值显著。

一、工业研究技术在设备管理和维修中的应用

从目前的具体分析来看，工业研究技术是工业工程技术当中非常重要的内容，其作为整个工业工程技术的基础，对企业的内部结构和工作效率通过研究和分析产生作用。利用此技术，企业可以很好地找出自身存在的问题，并通过问题的定向分析帮助企业实现内部的改革，这样，企业在改革过程中不必要的人力、物力、财力等投入都可以得到有效的节约。再者，利用此技术，企业内部的工作安排会更加的合理，其工作效率也会明显的提升，企业的发展会表现更加良好的态势。

（一）制定维修工作的标准流程

从具体的工业研究技术利用来看，其首要的作用是进行维修工作标准流程的制定。首先，对企业现行的维修步骤进行记录，并对维修的流程图以及人员活动的线路图等进行绘

制，在这项工作做好之后利用5W1H对流程当中的每一个环节和动作进行详细的分析和研究。之后，再采用E-CRS方法对工作流程、工作路线路等做具体的分析。在分析的过程中，对环节和动作细节进行进一步的处理，这样可以获得最佳的工作流程以及最优的动作。将最佳工作流程进行完整性确立，然后将最优动作在流程当中的执行进行标注，这样，维修工作的执行会更加的明确，其效率和质量会有明显的提升。

（二）制定故障处理标准流程

故障处理标准流程的确定也是目前工业研究技术利用的重要方面。从现阶段的分析来看，在现代化发展的大方向下，设备利用的自动化、集成化和大型化明显的加强，设备所发生的故障也是越来越复杂，维修的难度越来越高，可以说，设备故障的处理已经成为一项高技术难度的工作。在设备利用的过程中，大部分的故障都是曾经发生过的，所以在处理的时候会有相应的经验，但是也会有许多之前没有处理过的新故障。对之前处理过的设备故障进行总结和分析，根据规范将其进行处理编辑，这样，故障处理的标准化流程便产生了。

二、网络计划技术在设备管理和维修中的应用

在工业工程技术当中，第二项重要的技术内容是网络计划技术。所谓的网络计划，指的是利用网络表达计划的进度对各项作业之间的关系进行安排，通过对网络的分析和网络时间值的计算，关键工序和关键路线可以得到确定，在求出工期后，利用一定的技术组织措施可以进行方案的优化。从具体的利用来看，网络计划技术的突出优势是能够进行作业时间的缩短和成本的节约，而且可以最大限度地将资源的配置进行优化。利用此技术，企业的经济效益会获得明显的提升。从网络计划技术的具体利用来看，要实现其有效利用，首先需要按照要求对维修工作的网络图进行绘制，以此来进行关键线路上关键工序耗时的计算，做好这些准备工作，其效用会更加的明显。

三、价值工程技术在设备管理和维修中的应用

工业工程技术的第三项重要内容是价值工程技术。从具体的利用来看，此技术的主要作用是对企业内部工作作业所需成本进行最低的优化。主要目的是在工作效率保证和运行条件维持的前提下对组织进行分析，进而有效地控制成本的支出。从社会需求的角度来看，此技术比较适合经济市场的需要，所以利用此技术制定出具有最优价值和最具合理性以及科学性的先进管理方案，能够有效地减少企业的成本支出，从而增加其市场的竞争力。

（一）利用价值工程确定设备最佳维修方式

设备维修是目前企业在经营过程中需要处理的重要内容，因为设备的运行效率和安全会直接影响企业的效益，而过高的维修费用也会成为企业的负担，所以以保证企业设备维修效果的基础上对维修的费用进行控制是一个重要的研究问题。从目前的分析来看，设备

的维修方式主要包括了周期性预防维修、状态检点维修和事后维修三种方式，这三种方式的具体利用各有利弊，所以在某些设备维修的时候，具体要选择哪种技术进行维修是重要的工作。利用价值工程进行三种维修方式对于特殊设备的维修效果与经济投入的计算分析，这样，方式利用的综合表现会更加的清晰，根据综合性的分析结果，可以确定最优的维修方式。

（二）利用价值工程进行重大设备采购的决策

在企业的运行中，某些工作的进行必须要依赖大型的设备，所以采购大型设备也是企业需要关注的一个问题。就设备的采购来讲，需要做两方面的分析，第一是设备本身的质量分析，这是决定一件设备利用价值大小的关键。第二是对设备进行全周期生命周期成本的分析。从具体的探讨来看，所谓的全寿命指的是设备从最初的设计、选型、制造、安装、调试、使用、维护和管理、更新和改造以及保费和处理等过程中所要消耗的总费用。通过设备的全寿命周成本确定，对照企业与成本之间的差异，判断设备购买对企业的效益和产出，这样，设备是否对企业发展具有必要性可以更加的清楚。有了清晰的对比，购买决策会更加的理智。

四、ABC分析法在设备管理和维修中的应用

工业工程技术当中的第四项重要内容是ABC分析法。所谓的ABC分析法指的是根据事物在技术或者是经济等某一个方面的特征进行分类的排队，在重点和一般分清的情况下对不同的管理方式进行确定的方法。此种分析方法中，被分析的对象一般都会被分成A、B、C三个类别，所以ABC分析法便得名了。从具体的分析了解来看，A类事物的数量要达到总数的20%，这20%的事物对于事物整体会产生决定性的作用，一般而言，其作用发挥不得低于80%，所以这20%的事物是管理的重点。简单来讲，在ABC分析法利用的时候，需要对A类事物做全面性的分析评价和判断，毕竟其作用效果显著。所以在具体事物评价中，可以从生产、安全、经济以及备用等几个方面开展。

五、可靠性技术在设备管理和维修中的应用

可靠性技术是工业工程技术当中的第五项重要内容。从目前的分析来看，系统的可靠性对于企业的发展来讲有着重要的作用，而所谓的系统可靠性，指的是系统的功能在时间上具有稳定性的程度和性质，系统可靠性的大小，可以用可靠度来进行衡量。从企业的实际管理来看，如果没有系统的可靠性，工厂企业高质量的产品便不会有，企业安全可靠的生产过程以及设备装置也不会存在。快速准确的定位和分析系统的可靠性指标可以将系统的可靠度做最准确、最效率的确定，这样，系统的可靠性大小会有更加清楚的认识。简言之，设备管理和维修中的可靠度越高，表明其可以依赖的程度越强，反之则需要进行管理的加强和维修的彻底分析。所以将可靠性技术进行充分的应用现实意义显著。

工业设备的管理和维修是工厂企业经营管理中需要面对的重要内容，在具体的管理和

维修过程中，积极地利用工业工程技术的多样化内容，这样，设备管理的效率和质量会明显的提升，维修工作的实效性也会显著的加强。做好这两方面的工作，企业成本的控制效果有效提升，其经济效益更加的显著。

第二节 建筑设备工程施工技术及管理

建筑设备工程是建筑工程的重要组成部分，其施工安装质量的好坏和施工管理水平的高低直接制约着施工进度和总体工程质量，关系着建设项目的经济效益，关系着人民生活的舒适与健康。作者结合多年的工作经验，概述了常用的施工技术，同时对施工管理内容进行了分析其主要目的是提高建筑设备的安装技术和安装质量。

一、室内供暖系统施工技术

（一）室内供暖管道及附属设备安装

室内供暖总管由供水总管和回水总管组成，一般是并行穿越基础预留洞孔引入室内，总立管安装前，应检查楼板预留孔洞的位置及尺寸是否符合要求，采取自上而下逐层安装的方法，同时尽可能地使用长管，以减少接口数量，便于焊接。干管安装的一般程序是：定位、画线、安装支架、管道就位、对口连接、找好坡度、固定管道。

室内供暖管道一般都承托于支架之上，所以对于支架的安装应该可靠稳固。根据支架的不同作用和特点，可以将支架分为固定支架和活动支架两种。固定支架不仅要限制供暖管道的位移，还要承受较大的力，因此，要严格按照设计规定的位置安装好固定支架，然后才能使室内供暖系统投入运行。对于活动支架，一般设置在固定支架之间，以便解决由于管道热胀冷缩而引起的移动问题。

（二）散热器及附属设备安装

散热器一般安装于建筑物外墙的窗下，并应使其垂直中心线与窗的垂直中心线相一致。安装时，其背面与装饰后的墙面间距尺寸应符合产品说明书或设计尺寸要求。为了保证室内供暖系统的正常运行以及方便调节修理，还需要对一些附属器具进行安装。这些附属器具一般包括：集气罐、排气阀、阀门和疏水器等。在施工过程中，应特别注意那些体积比较大的气罐、设备，在安装时，要预留安装孔洞。对于尺寸大于外门的设备，要在建筑结构封闭之间运至室内，以防止因尺寸过大而无法运至室内的现象。

二、建筑通风空调系统施工

一般来说，通风空调设备的安装工作量都比较大。由于在通风空调系统中，设备的数目和种类比较繁多，为了保证各个设备的正常工作，施工人员要严格按照施工图纸和设备的安装要求进行安装。

（一）通风机安装

通风机安装的基本技术要求为：风机的消声防振和基础装置应符合设计要求，安装位置需平整且正确，固定牢；风机叶轮旋转平稳，转轴转动灵活；风机在搬运和吊装过程中应采取妥善的安全措施，防止损伤机件表面。

（二）空调机组安装

空调机组的类型较多，本节以吊顶式空调机组为例。其安装方法和步骤如下：①详细阅读使用说明书，掌握安装要点；②安装前确认吊装梁的混凝土强度等级是否合格；③对于质量和振动较大的机组，吊杆在钢筋混凝土中应加装钢板；④对于质量和振动较小的机组，吊杆顶部可采用膨胀螺栓与楼板连接。

三、建筑设备工程施工管理

（一）施工成本管理及控制

施工成本从总的来说是由直接成本和间接成本组成的，主要包括人工费、施工机械使用费、材料费、措施费等。作为项目成本的一个重要组成部分，对施工成本进行管理，显得尤为重要。施工成本管理是指在保证施工质量和工期满足要求的情况下，把成本控制在计划的范围内，并进一步寻求最大程度上的成本节约。施工成本控制是在确定了施工计划后必须要进行的，以确保施工成本控制目标的实现。其主要体现在以下方面：

（1）施工准备阶段的成本控制。主要是结合施工组织设计和设计图纸交底、会审，通过经济技术比较，选择先进可靠、紧急合理的施工方案，编制具体明细的成本计划，对项目成本进行事前控制。

（2）施工阶段成本控制。是以劳动定额、施工图预算、费用开支标准和材料消耗定额等作为依据，对实际发生的成本费用进行控制。主要包括：材料成本控制、质量成本控制、人工成本控制、施工机械成本控制和工程设备成本控制。

（3）竣工交付使用及保修阶段成本控制。主要是对竣工验收过程发生的费用和保修费用进行控制。

（二）施工合同管理

建筑设备工程施工合同管理是施工企业项目管理的重要部分，它是指各管理部门采用相关的法律、法规手段，对施工合同的各种关系进行一定的组织和监督，从而起到使合同相关人员的利益不受到侵犯的作用，并在一定程度上防止和制裁违法行为，使合同管理的各项工作顺利实施。

施工合同管理包括以下几个重要的管理：第一，施工进度管理。这项管理的重要内容是相关人员在开工前,要对承包商的施工进度计划进行审核;在开工后,还要按月或是按工程进度的区段对承包商的施工进度进行检查,并与开工前的进度计划进行比较,及时分析影响施工进度的原因。第二,施工质量管理。这项管理主要包括:对施工中使用的设备、材料进行严格的检查,主要依据合同规定的标准和施工工艺标准进行检查,对不合格的材料、设备及时处理、解决掉,防止出现施工质量及安全事故。第三,工程价款管理,它的主要内容是对工程进度进行认证,签署付款凭证;对工程价款和工程竣工进行审查和结算;对施工中出现的索赔问题进行处理。

随着科学技术的不断进步,一大批新技术、新材料、新工艺和新设备不断地出现,这既是对建筑设备工程安装行业的巨大挑战,更是为这一行业带来了前所未有的发展机遇。

第三节 机电设备安装工程技术管理

机电设备的发展水平在一定程度上体现着一个民族的工业水平,对国家的经济发展水平和潜在发展能力具有广泛的影响,同时也是社会经济发展的基础之一,为国家的其他生产部门提供了技术支撑,其设备安装工程的施工管理技术将会对国民经济的各个部门生产水平带来很大影响。作为一个制造业大国,我国的机电设备发展虽然取得了一定成就,但是还缺乏自己的核心技术,尤其高端技术仍然依赖于进口,和世界发达国家相比,技术差距仍旧很大。本节就机电设备的施工技术管理进行了粗浅分析和阐述,以期能为相关的研究做参考和借鉴。

机电设备的发展水平和一个国家的经济发展有着直接而紧密的联系,其施工技术的管理也会影响机电设备的应用水平,笔者根据工作中多年的实践经验,在此分析和论述机电设备在施工前和施工中的管理措施,并在此基础上提出控制其施工质量管理的具体手段,以期为相关的研究提供参考和借鉴。

一、机电设备安装工程施工前的管理

施工前的管理主要包括:设计图纸的管理和工程材料的管理,设计图纸管理,对于机电设备的施工管理而言,首先应当进行施工图纸的设计,以表明各项工程的组织系统和图纸之间的相互关系,进而说明各种设施的位置定位、材料的属性等,科学的图纸管理方法可以确保图纸协调的一致性,并为质量控制和监督提供支持。工程材料的管理,在机电设备施工的前期,对工程材料进行重点管理,在材料的采购阶段就要进行资质的审查和把关,对材料的供应以及材质等进行认真分析,做好评估,以免因材料不合格影响工程进度。

二、机电设备安装工程施工中的技术管理

在机电设备的施工过程中,要求技术人员严格按照图纸和相关的标准进行审核,制定

第六章　工程技术在设备管理中的应用

科学合理的施工方案，确保施工方法正确，施工组织有序，做好施工预算。比如说，建筑机电设备工程，其施工包括：给排水工程、电气工程、楼宇安全与智能化工程、通风空调工程、消防工程等系统的施工，其施工质量的好坏决定建筑使用质量的高低，下面笔者以给排水工程、电气工程和通风空调工程为例，具体分析施工技术和质量管理。

（一）给排水质量管理

给排水系统是机电设备中的重要组成部分，其质量好坏会直接影响到后续的发展，因而除了在施工前严格审核图纸以，还要在施工阶段灵活处理各种电气、排水方面的内容，凡是在机电设备施工阶段中需要的原材料、半成品、管材等，都要严格报检，工艺先进的产品优先选择。在管道安装过程中，要确保预埋的准确性，并且加强巡查，对于有出入的施工现象，要及时给予纠正，防患于未然，严格检查上下道工序的衔接，严格按照规章制度执行。

（二）电气工程管理

必须严格控制电气管材的质量，比如PVC管、镀锌钢管等要注意选取阻燃型的材料，预埋电线的电路尽量减少交叉和捆绑，管道之间连接牢固。住宅墙体上的接线盒安装符合规定，插座定位明确。当前机电工程中存在很多含有阻燃剂的PVC管，由于胶水不合格，经常导致连接松动，有的密封性也存在问题，因而一定要选择质量合格的胶水，并及时处理被压坏的线管。此外，避雷装置对机电设备的安全性也有很大影响需要特别注意，另外还要检查是否存在漏焊、错焊等问题。

（三）通风空调系统的施工技术管理

通风空调系统主要是注意预留通水、通风的孔洞，涉及多个环节，如图纸设计、原材料购买和安装等，需要专业的协调配合。如果部门之间配合不善，将会造成后期工程投资的浪费，影响机电设备的使用寿命，带来安全隐患。在控制通风空调系统的质量时，需要检查冷冻机房的尺寸、管线接口、预留孔洞是否达标，同时还要配合其他专业系统，确定风道的最佳走向。

三、机电设备安装工程施工质量的管理

机电设备施工质量管理，需要从技术设计、材料进场、人员素质和施工等方面进行管理，形成一个健全的质量管理体系。从公司高层到各分批负责人共同构成施工质量的控制体系。机电设备的安装过程，必须严格按照操作程序进行，如在建筑内安装配电站，存在安装顺序不当时，则会导致冷水机组阻隔等问题，会带来安全隐患。所以在机电设备的施工期间，各部门需要密切配合，避免出现工艺或工序错误。当遇到雷雨等极端天气时，一定要做好安全防护工作，不仅要在图纸上标识出防雷的相关信息，还要在土建施工图上加以说明，避免给施工人员带来误解。配电设备是电气工程的核心，配电系统一旦出现故障，

则会影响到整个设备的供电性能，因而需要购买比较先进的产品，从配电设计到最后的调试，都需要按照技术规范进行操作。近几年，科技的发展推进了机电设备的种类多样化，技术更新的速度也很快，要适应机电设备的发展，需要不断调整管理模式，尤其是对于一些先进的技术，要积极探索施工技术管理的方法。在机电设备的施工完成时要进行验收，设计单位、施工单位和监理单位都需要在场，检验各项工作是否符合要求，办理移交手续。此外，国内外的机电设备产品很多，选择机电设备标准化作业，则可减少兼容性问题，为施工技术的管理提供可靠的参考。

总之，在工程施工过程中，需要安装相应的机电设备，机电设备安装工程作为整个建设项目中较为关键的一环，其安装技术要求非常严格，安装质量在很大程度上决定着整个工程施工的进度和质量，由于其较强的综合性，需要在协调性和组织性上进行有机结合，与此同时，还要综合考虑相关的技术管理要求。工程施工中蕴含的现状问题和实际情况都需进行相对全面的了解，立足于现状，有效分析其不足与弊端，统筹布局，合理规划施工中的管理，进而增强机电设备安装施工中技术管理的现实性。

第四节　水利工程机械设备的安全技术管理

随着我国基础设施建设水平的不断提升，相关水利工程的建设规模逐渐扩大，其工程施工水准与机械化水平也在不断推进。但与此同时，很多工程中在机械设备的安全技术管理方面尚存在一定的不足，文章对机械设备的安全技术管理方法进行了初探，并针对此方面提出了几点建议与看法。

近年来，中国的水利工程取得了一定的成果，这不仅仅依赖于水利工程施工技术的不断更新，而且很大程度上依赖于水利工程施工设备的更新换代。对于水利工程建设项目，机械设备是其生产活动中的主力军，大量的土石方和混凝土作业，也使机械设备在工程中的重要性日益突显。

一、机械设备安全技术管理在我国水利工程建设中的现状

（一）机械设备在水利工程建设中的重要作用

从目前的情况看，我国水利工程建设中机械设备的安全技术管理工作还有许多不足之处，在水利工程建设中，机械设备管理是保证工程正常运行的重要工作内容，对稳定机械设备运行极为重要。但是，在水利工程中，机械设备往往因各种问题而发生故障，具有突发和不易控的特点，对施工方的正常施工影响很大。因此，机械设备在日常使用中应注意保养。并定期进行故障排除，以降低施工对机械设备造成的损害程度，确保水利工程的正常施工。

（二）机械设备操作人员在水利工程建设中的情况

目前，在机械设备的管理和维护方面，工作人员的表现不尽人意。虽然该项工作是由专业的管理和维护公司进行主要管理和操作，但在具体的维护和管理方面，大多数工作人员并不具备较强的专业水准甚至是非专业人员，并且没有相关的专业管理资格。此外，这些非专业人员进行的管理和维护工作时，无法在规定的时限内完成设备养护和管理任务。机械设备的维护达不到正常标准，导致常见的机械设备故障和液压系统漏油频繁出现，机械设备无法正常投入运行。

二、我国水利工程机械设备技术管理当前面临的主要问题

（一）管理机制不够科学合理

水利工程想要长足的发展下去，必须重视机械设备管理机制的制定，才能进一步实现工程的安全技术管理控制目标。在工程的运行过程中，部分设备管理人员玩忽职守，频繁更换设备的操作人员，以致有关部门对机械设备的管理流于形式。在实际施工过程中，一些施工单位减少了机械设备管理人员的数量，以提高经济效益。而相关设备管理人员全部从其他部门借用转移，因此缺少长期稳定的机械设备管理历练过程。在实际工作过程中易出偏差，并且不能有效地执行相关的机械设备管理规范。另外，相关设备数据管理机制不够健全，部分新购设备所用成本无法及时进行核算，严重影响了机械设备管理的落实环节。

（二）机械设备的管理维护与使用上出现的问题

在水利工程的实际建设中，虽然有关部门采用了匹配式管理办法，将人员与其使用的设备进行捆绑式管理，但由于相关使用人员对设备的维护和维修不够重视，相关管理办法无法有效实施。就目前的情况而言，在实际工作过程中，相关工作人员只是单纯地使用该设备，并不具备主动进行养护与维修的责任意识。而且，设备使用过程中一旦设备出现问题，相关人员便立即推卸责任，这种恶劣行为一方面增加了设备的后期养护成本，一方面很大程度缩短了设备的使用年限。在设备使用的过程中，很多工作人员肆无忌惮的过度应用设备进行工作，加速了设备的老化，缩短设备的维修周期，这些都是设备管理人员工作中常见的问题。

（三）盲目采购机械设备

随着社会的不断发展，人们越来越重视工程质量。在实际工作过程中，相关施工单位购买的设备不能满足实际工程需要，严重影响了相关工程的工作进度。在水利工程的实际施工中，一些施工单位引进了先进的施工设备，但无法科学规划设备的使用。结果，这些新设备无法满足项目的实际需求，造成严重的资源浪费。

（四）机械设备管理人员素质低下

在实际的机械设备管理过程中，由于相关设备管理人员知识水平较低，有关部门没有对其进行培训。结果，在实际工作过程中，对于相关的机械设备不够熟悉，没有熟练掌握各种操作方法，容易造成安全隐患。同时，在设备维护和检查过程中，工作态度不严肃，缺少责任心，甚至某些检修人员在设备检查过程中玩忽职守，严重影响了设备管理的工作质量。

三、水利工程机械设备安全技术管理措施

（一）建立设备档案

为了解和掌握机械设备情况，更好地使用和管理机械设备，除了建立机械设备卡外，还应建立主要机械设备的技术档案。设备技术档案主要包括设备简历、原始技术资料、原始检验数据、各种技术鉴定资料及其他相关资料。通过这些技术文件，可以了解这些机械设备的使用方式及大中型维修记录、事故记录、修改记录、基本折旧和大修条件。一些公司和个人不太关注机械设备技术文件的建立，从而使得其工程内部所使用的每种设备的技术状态和经济性能之间没有明确的概念和合理的比较，处于设备管理混乱和决策无章可循的状况。

（二）水利工程设备的分类管理

由于水利工程中的工作量较为繁重，每个施工过程中都会使用多种数量和不同种类的机械设备，较为常见的有土方机械、混凝土浇筑机械、灌浆施工机械、铺砂和砾石机等。对于施工人员来说，这些机械设备的管理应作为重中之重，必须了解机械设备的工作原理和运行需求，将机械设备置于较为安全的场所，还要严格控制影响机械设备正常运行的因素，比较常见的就是人为因素，这在以往的水利工程中有着具体案例。某水利工程在实施挖掘操作时，挖掘机处于不良地质污泥区，导致单侧下垂到侧面，此时由于挖掘机驾驶员紧急时的操作错误，挖泥车不小心撞到了南侧的钢板桩，造成1人死亡，3人受伤，如果施工单位能够加强对施工人员的监督管理，强化操作规范，事故就不会出现了。由此可见，机械设备的安全技术管理工作对于水利工程来说是至关重要的，与施工人员的人身安全与项目收益密不可分。

（三）加强机械设备的保养维护

加强机械设备的保养维护有助于延缓零部件的老化现象，降低机械设备发生故障的概率，相应机械设备的使用成本就会降低，使用寿命也会得到大幅度的延长。部分施工单位是在机械设备出现故障以后才进行维修，这种落后的设备管理思想大大增加了设备维修养护成本，其影响会波及水利工程的施工。如果继续使用出现问题的施工机械，而不更换或直接移除过滤器元件作业，这将加速设备的损坏。在日常机械设备管理工作中，施工现场

的操作人员必须每天进行"三次检查"。也就是说,要根据特定机械设备的检查标准执行,在施工的操作之前、期间和后期都要进行细致的检查,以便及时发现和处理机械设备的潜在隐患,防范机械设备故障的发生。通过制定机械设备管理信息系统,委派专业人员负责实施机械设备的维修和保养,促使机械设备在水利工程建设施工中能够有效地发挥作用。

(四)机械设备的维修管理

设备维修是为了修复日常施工过程中造成的设备损坏和设备精度下降的问题。通过修复磨损、老化和腐蚀的部件可以恢复设备性能。设备的养护和维修是两项性质不同的工作。设备维修可分为三类:小修、中修和大修。维护计划的编制应切合实际,必须掌握工程任务、施工图、设备条件、运行时间、维护周期、维护运行时间等信息。水利工程施工场地多为野外或山区,场地移动性强,维修条件有限。同时,现场技术维护技术人员水平高低,技术维护现场简陋,故障检测技术手段落后等问题的存在。在试图克服上述缺陷的前提下,有必要总结和探索一些合适的养护方法。

(五)安排合理使用机器,制定严格的规章制度

在科学合理的使用条件下,水利工程施工机械设备不仅可以发挥其应有效用,还可以让设备的使用寿命有所延长,使得水利工程项目的整体效益显著增长。要想实现上述目标,就要立即着手建立机械设备使用管理相关的规章制度,具体包括以下几种:

(1)科学使用机械设备的制度。由于许多建设项目在施工期间经常推迟,进展缓慢,当施工期接近完工时,由于交货期限的压力,施工人员开始盲目追赶进度,导致施工机械和设备的使用频率失衡。为避免施工机械工时超出规定限制,加大施工人员与机械设备的工作强度,应建立科学使用机械设备工作时间的制度,违反制度者要接受一定的处罚。当机械设备运行超载的情况无法避免时,应在设备正常运行前仔细计算并经设备主管部门批准之后方可执行。

(2)建立机械使用责任制。为了更加科学的管理工程中的施工队伍,有效约束设备操作人员,应实施岗位责任制,将机械设备与其操作人员职责进行一一对应,当机械设备出现特殊故障直接追究相关人员的责任。此外,工程中使用机械的施工人员必须经过专业资格检验,有效规避现场出现野蛮施工、盲目施工的现象。

(3)严格遵守"持证上岗"制度。为了规避机械使用事故的出现,延长机械的使用年限,应全面落实"操作人员持证上岗"系统,即操作员必须经过培训,通过测试,并获得操作机器的许可。我国建筑业大多是"劳动密集型"企业,经营者团队复杂且质量参差不齐。工程机械是一种特殊设备,其操作人员必须接受专业的操作培训才能上岗。但是现在,为了让受训人员更快地实现就业,一些培训机构过于急于求成,肆意压缩学员的培训时间,使得培训质量达不到反而下降。许多操作员只会使用按钮,但不了解一些基本的维护和修理工作,不利于设备的维护和安全控制。

（4）加强工作环境的控制。水利工程机械设备对工作环境有着一定的要求，在恶劣地质环境下机械设备的使用性能会大打折扣，基于这一考量，施工单位应加强环境因素的控制，致力于给机械设备创建良好的工作环境，使机械设备的使用与项目进度密切相关，也防止"精机粗用"行为的发生，努力将每种类型的建筑机械放置在体现生产效率最高的生产区域中。

（5）制订机械操作章程。完善的机械设备使用章程会对施工人员产生约束作用，还能为设备操作提供有力依据，需要施工单位加强设备操作章程的制订，确保全体施工人员都能够严格执行此章程。施工人员还要保持良好的健康状态，必须具有合格的施工工作证书，并且只能操作与其技能相匹配的施工机械。并按规定穿戴安全防护设备，将安全观念牢记心间，将机械设备的使用和维护情况加以记录，保障后续工作的顺利开展。

（六）加强安全检查

日常的养护操作可以较早地发现设备安全问题，明确机械设备的维护重点，提高施工机械设备的安全性和可靠性。从根本上杜绝机械设备故障的发生。安全检查则应落实到机械设备使用的各个阶段，要向工作人员讲解安全检查的重要性，督促他们积极开展安全检查工作，对设备进行检查、检测和监测。在机械设备管理信息系统上录入其具体运行参数，并保存机械设备监控的数据记录，提供事实依据，以利正确判断机械设备的工作状况，采取相应的维护保养措施。

（七）开展施工人员培训工作

施工前开展专业技术培训有助于提高施工人员的操作水平，增加他们对机械设备的了解程度，最大限度地避免了施工人员违规行为的发生。而且通过培训施工人员还能够掌握机械设备常见的故障点，采取有效的措施加以防控，当设备出现故障也能沉着冷静的应对，协助施工人员的技术能力明显地提升，在设备实际运行过程中也能准确无误的进行操作。

（八）引入激励机制

作为水利工程的重要参与者，施工人员的职业道德水平对于其行为有着重大影响，如果施工人员的职业道德水平低下，他们就极有可能做出危害施工安全的行为，要求施工人员能够具备强烈的责任感和端正的工作态度。保证在水利工程建设过程中，机械设备安全设备管理工作顺利进行。为了增强施工人员的工作责任感，在施工期间表现良好的员工应予以奖励，树立榜样的示范作用。

总而言之，机械设备于水利工程的建设施工有着不可小觑的作用，唯有保证机械设备的稳定运行，才能提高水利工程的施工效率和施工质量，这一点需要施工单位能够明确和重视，对施工人员进行技术培训，确保其能够严格执行工程的设备应用准则，将安全技术管理工作贯彻落实，保障施工质量。施工单位还需不断提高机械设备安全技术的管理水平，才能确保水利工程的顺利展开。

第六章　工程技术在设备管理中的应用

第五节　电网工程设备的技术改造与大修管理

电力事业一直是国家在发展过程中关注的重要对象，在长期的发展过程中，国家更是将大量的人力物力财力资源投入到电力事业的生产与建设中。随着国家经济水平的不但提高，各种各样先进的技术手段出现在人们的生活中，特别是互联网时代的到来，更是给国家的发展以及人们的生活提供诸多便利条件。近年来，电力事业的发展也紧跟潮流步伐，并在发展的过程中对涉及的电网工程设备进行了技术调整、改进与完善，以此来顺应时代的发展和社会的需要。本篇文章就电网工程设备的技术改造与大修管理方面的内容进行简要的论述，并提出了一些建设性的意见，希望能对电力事业整体的发展提供帮助。

电力产业在国家的发展中扮演着重要的角色，对促进国民经济发展以及国家整体实力建设都起着关键性的作用。随着时代的不断变迁，国内电网工程的规模不断扩大，甚至国内一些偏远城市或地区的人们都能够很好的享受到电力提供的方面。但是，大规模电网工程的建设，不仅要使用到大量的资源材料，国家还要投入大量的资金，在管理和维修相关设备方面也有一定的困难，所以，如何有效的开展供电设备技术改造与大修管理，成了国家相关管理部门以及各电力工程首要面对的问题。

一、目前电力系统技改大修工程管理中存在的主要问题

（一）电力系统技术改革的任务分摊不平衡

技改与大修工程的管理方式是从省到地方的层层分配制度。但在技术改革工程中，经常会出现技术改革政策没有真正落实到地方的情况，导致一些地方电力设施水平较为安全可靠，而另一些地方则还依旧保持着原来的状态。这种情况主要是许多上一级的工程部门在进行工程分配的时候对责任划分不细致造成的，也就非常容易遗漏一些区域的电力系统。

（二）设备大修工程中设备修理效果不明显

设备大修工程通常都是在一个电力系统出现较为密集的设备故障的时候才进行的，通常对设备的大修都是比较长久的工程，相比于紧急故障维修来说，所要维修的设备区域要广泛许多。在这种情况下，一些电力维修工程团队就会在进行大修的时候因为一时的粗心，或者对于设备的维修没有落到实处，就造成了经过大修但电力系统仍然存在故障的尴尬情况。

（三）成本预算不到位

特别是在电力工程的技术改革中，很多时候施工部门并没有做好技改工程所需要投入的成本计算，电力工程部门在技改施工之前的预算资金与实际的耗费资金不相符，由于对

成本没有很好的控制，在很多时候就容易出现技改工程落实不到位，一些地区由于资金不足而难以实现技术改造的情况。

二、电网工程设备技术改造与大修管理的控制方法

（一）完善电网工程相关管理体系

科学合理的管理体系，不仅适用于电网工程的运作，更实用于其他工程建设的发展。如果电网工程在运作的过程中，相关的管理部门没有根据具体的管理体系进行人员分配、设备管理以及技术指导等，就会造成工程内部一片混乱，从而影响电网工程的正常运行。所以，各电网工程一定要根据工程发展的实际情况，制定出合理妥善的管理体系，同时还要对原有管理体系进行补充和完善，从而形成一个科学合理的管理体系。与此同时，电网工程中的相关工作人员还要对改进后的管理体系进行认知与理解，从一点一滴做起，为电网工程整体的稳定发展奠定良好的工作基础。

（二）提升工程管理人员的技术水平

除了要制定科学合理的管理体系，加强对管理人员工作能力的重视程度也是提升电网工程运作的重要部分之一，加强方式主要体现在以下几个方面：

一是，电网工程管理部门要对各环节的工作人员进行技术抽查，并根据员工使用技术的方式方法或工作状态进行记录与分析，根据系统的抽查效果分析电网工程内部员工整体的工作水平，从而进行系统的技术指导与管理。

二是，电网工程管理部门要定期开展一些培训课程或讲座，如电网工程设备技术改造课程或者工程设备大修管理讲座等。通过这种方式不仅能让员工意识到相关知识学习的重要性，还能间接的提升工作人员的学习兴趣，从而将所学到的专业知识良好的应用到实际工作中，为电网工程的稳定运作提供有利条件。

三是，如果相关工作人员在岗一段时间后，发现自己根本适应不了这种工作方式，或者发现自己有其他岗位工作能力的才华，可以和部门领导进行沟通。当领导得知这种情况后，可以根据员工平时的表现情况和公司现阶段岗位人员需要进行合理的调配，这样不仅能将人才用到真正的地方，发挥人才的最大价值，还能有效提高相关工作的工作效率和质量，尤其是电网工程这种需要技术型人才的工作，更应采用这种方式，让员工为电网工程建设发光发热。

四是，在进行电网工程相关工作的时候，有关管理部门还要将国际电力市场方面的内容逐渐渗透给工作人员，让他们以国际电力市场发展的水平为目标，努力提升自己的工作能力和水平，这样不仅能有效地提升员工工作状态，还能在很大程度上提升电网工程运作的效率和质量，为电力工程的可持续发展奠定良好的基础。

（三）制定合理的工期范围

在电网工程相关工作开展前，如工程设备技术改造或大修管理等，管理部门一定要根据工程状况对工期范围进行科学合理地制定，既能保质保量地完成工作内容，还能让工作人员没有压力和负担。工期范围的制定标准要根据以下几个方面进行考量：

一是建设规模方面。电网工程运作的规模是制定工期范围做主要的一个参考标准，尤其是在电网工程进行大修管理的时候，其规模大小与时间的分配问题有着密不可分的关系。

二是施工难度方面。在制定工期前，有关部门还要对相应工程的施工难度进行考量，根据难度等级来制定合理的供气范围，如在进行电网工程设备技术改造的时候，有关人员就可以根据设备技术应用的难度和基本性能来制定改造工期，像大修管理这种全面性的工程项目，这需要在原有工期的基础上，适时增加工期，以便工作的顺利展开。

三是外部环境方面。在进行电网工程相关项目的过程中，总会有一些外部因素影响工作的开展，因此在制定工期的时候，相关人员还要将这部分因素考虑其中，并留有应对外部环境因素的时间，这样不仅不会耽误工期，还能有可利用的时间，对电网工程项目进行检查。

还有一些制定工期范围的决定性因素，如投产时间、工作进展、突发情况等，有关部门在制定工期前，一定要进行全面的分析，把这些因素考虑其中，这样当发生状况时，工作人员才有足够的时间应对问题，保障电网工程的顺利进行。

（四）完善工程造价控制信息化建设

要将统一的全国电力工程项目造价信息数据库建立起来，材料以及设备的最新指导价格表建立起来，同时还要对具有更强兼容性的造价管理软件进行推广。除此之外，还要深加工、再利用各类施工财务报表以及信息报表，从而有助于为造价信息的交换和存储提供建议，要科学的分析和整理相关的数据，从而为后期的综合利用提供便利，同时还可以将电网项目在施工以及设计等各个阶段的实际情况反映出来。相关单位还要将新施工工艺以及新电力技术的使用和推广情况准确、及时地予以掌握，提供数据支持便于以后的工程项目管理。

（五）加强项目实施管理

当电网工程设备技术改造项目或其他项目指令下达后，相关管理部门不仅要对项目计划进行全面的分析，明确每个环节重要部分的所在，还要对相应员工的工作任务进行妥善的分配，如项目设计人员要对电网工程设备进行改造前的分析和实验记录；项目质量检测负责人员要对技术改造后的电力设备进行合理的实验，确保其质量没有问题等。与此同时，电力工程设备技术改造项目在运行的过程中，会有一些环节工作需要进行外包，这个时候，管理部门就需要对这些外包出去的环节项目进行认真的记录和时候的检查，并对外包部分的工期和质量要求进行认真严格的说明，防止超时完成和质量不到表等情况的出现。

电力事业的发展与人们的生活有着密切的关系，更对国家的发展有着深远的影响。虽然在现阶段的发展过程中，国家已经根据社会需要，对电网工程设备的相关技术进行了改进，同时也对部分电网工程进行了维修管理，但是一些电网工程还是会存在技术上的问题，而且相关的技术人员不能及时的发现问题产生的原因，从而导致相同的问题一直出现在电网工程运作中。因此在日后电网工程运作的过程中，相关的工作人员要及时地查明细节问题出现的原因，相关管理部门还要加强对工作人员的技术指导，这样电网工程才能在真正意义上实现技术改造与创新，为电力事业的可持续发展奠定坚实可靠的基础。

第六节　建筑工程中机电设备安装工程施工中技术与质量管理

随着我国综合国力的不断增强，建筑行业的发展速度获得了大幅提升。机电设备安装作为建筑工程项目中的重要组成部分，将机电设备安装施工进行技术与质量方面的管理、控制，才能将其中存在的问题以及缺陷解决，确保机电设备安装工程的质量、安全得以提升。综上所述，本节将对建筑工程中机电设备安装施工中技术与质量管理的措施展开简单的分析，以期提升我国建筑工程行业的整体建设水平。

在机电设备安装工程会涵盖多种专业以及项目，其中主要包含施工各类设备、给排水系统、电气设备、采暖系统、通风系统、消防系统等，是一项综合性较高的施工该项目，只有将各个专业进行协调，并将施工技术要点进行严格的控制与妥善管理，才能确保建筑工程中机电设备安装施工的整体质量、安全性。

一、对机电设备安装工程技术进行控制与质量管理的意义

对建筑工程中机电设备安装施工进行技术要点控制与管理，可以确保企业整体的施工质量以及生产运营水平，并对建筑后期的使用功能、综合效益产生积极影响。在进行实际机电设备安装施工过程中，为了使施工水平不断提升，便需要对机电设备安装施工技术进行严格、科学的管理。

在施工人员进行机电设备安装过程中，应将完善的技术管理制度以及管理措施作为基础，这样才能使施工人员掌握更加丰富的施工经验以及施工技巧。同时，利用机电设备施工技术管理，还可以加强施工人员的操作经验以及控制管理的水平，从根本上确保工程项目的整体质量。另外，对机电设备安装施工的技术要点进行控制与管理，还能有效促进企业内部管理的水平得到大幅提升，并将企业的各项相关管理工作水平不断优化。

机电设备安装工程的技术控制与管理工作应在施工企业中开展，并具备极大的优势，其在确保企业可以将成本良好控制的同时，还可以为建筑工程项目的整体质量提供有效的

科学依据以及技术支撑,并将企业管理互动过程中产生的问题及时反馈、解决。管理者通过各方面对机电设备安装施工开展有效管理,可以将施工技术不断优化,从根本上大幅提升机电设备安装的施工技术。

二、建筑工程中机电设备安装施工中的技术与质量管理措施

(一)螺栓连接

装配工作是机电设备安装施工中的重要组成部分,其中螺栓与螺母的互相连接属于机电设备安装施工中的基础装配工作。在进行螺栓连接的过程中,需要掌握好其连接力度,避免连接的过于紧密,确保其存在必要的缓冲。螺栓在与机械、电磁力进行长期作用的同时,随着时间推移,会产生金属疲劳问题,便会使得各个连接部件之间出现装配松动的现象,甚至会造成安全事故发生。如果螺栓连接得过松,设备在运行过程中便会产生震动,若频率一致便会导致共振发生,并伴随强烈的噪音,使得结合位置出现严重断裂。在电气工程项目中,螺栓以及螺母都会导电,并产生电热效应。因此要确保螺栓、螺母之间的压接保持紧密,如果不紧便会通电致使发热,热量过高便会最终造成接地短路。

(二)母线安装

对于母线安装的技术质量控制方面,在安装目前时应选用合适的设备与器材,并在材料运输、保管过程中利用防腐蚀气体对其包装进行侵蚀。在材料运送至施工现场之后,要及时将其拆卸,并放置于室内通风且环境较为干燥的地方,避免其受潮导致出现损坏。要确保母线的表面平整、光滑,在目前经过有盐雾以及腐蚀性气体的场所之后要对其进行妥善的事先处理。如在温度较高的场所进行母线安装,要确保母线中不能存在铜铝过渡的接头,不能将母线随意堆放在地面上、不得拖拉,在其外壳部位禁止进行其他操作。在对母线正确连接之后,尤其是与开关设备连接之后不能再对其实施其他的额外应力,确保母线的各部位均匀密封,从而确保不会出现漏电事故。

(三)弱电系统

在对建筑物中电力系统进行安装的过程,可以依据电力疏松功率的强弱将其分为强电与弱电两种。随着弱电技术的应用范围越来越广,其中包含智能消防系统、监控系统、通信系统、布线工程、楼宇自控系统等。在对弱电系统进行安装的过程中,要将测试检查、初次测试、试运行验收检测等方面做好。如果在进行强电、弱电同时入地的施工,要确保其中的距离适当,避免信号造成干扰。同时还要确保分别进行穿管操作,才能避免其被腐蚀破坏。在走线设置的过程中,要尽量设置在管道井中,避免直接埋地,且要保持平行状态,尽量不要交叉。管线的铺设工作应在之前便要完成,对其他设备的安装施工应在管线铺设完毕之后再进行。

（四）机电设备与工艺

要想确保在机电设备安装施工过程中不会发生设备安全隐患，减少成本的损失，便需要对设备存在的基础问题进行解决，要将各种设备的交接做好，才能确保机电设备的顺利安装、运行。在开始进行机电设备安装施工之前，应遵循国家颁布的相关标准，并到被国家部门认可的指定厂商对设备进行购买，并严格控制设备的质量，确保设备的质量符合相关标准，才能从根本上提升设备的匹配性。尤其对于螺栓以及各种预埋件要进行认真、仔细地检查，对螺栓的外观进行检查过程中，要确认其是否存在变形、损坏、被腐蚀，并确定螺栓的位置与尺寸是否合适，对土建与机电设备安装中间存在的交接手续认真执行，才能提升交接过程的设备基础可靠性能，确保机电设备安装工程的整体施工质量。

为了确保机电设备的整体安装质量，还应在施工过程中对其进行严格的工艺管理。在开始施工之前，要加强对施工人员的安装工艺培训，确保其能够充分掌握施工工艺的各种具体要求，并要再施工过程中，对机电设备的安装质量进行检测、控制，确保工艺与设备可以正常使用。

（五）施工人员的管理措施

施工人员是建筑工程中机电设备施工中的重要基础，应将施工人员的综合业务水平以及技术能力提升，才能确保机电设备施工的整体质量。可以对施工人员以及相关机电设备安装人员进行专业化的技能培训，以提升其综合技术掌握能力。采用定期、不定期的培训频率，确保施工人员以及机电设备安装人员可以不断更新自身掌握的安装技术、施工技术，并能将新技术、新工艺、新材料合理应用在机电设备的安装过程中。在机电设备安装施工过程中，安全问题也是不可忽视的主要问题，除了技能培训之外，建筑企业还应对施工人员、机电设备安装人员进行安全意识的教育，并构建完善的安全施工制度，确保施工人员、机电设备安装人员可以对相关机电设备进行安全施工。另外，对于人员配置方面，要将施工人员进行科学、合理的配置，以提升机电设备安装施工的整体效率，并从根本上提升机电设备安装施工的整体施工质量，增强建筑企业在市场中的核心竞争能力，并在人们心中树立良好的企业形象。

机电设备安装施工作为建筑工程项目中的重要组成部分，不仅对建筑物的整体施工质量产生重要影响，同时也会影响建筑物在使用过程中的安全性、稳定性。因此在进行机电设备施工的过程中，要对安装技术进行严格的控制与管理，在施工过程中的各个环节都要认真把控、管理，从根本上提升机电设备安装工程的施工质量，避免安全隐患的发生。

第六章 工程技术在设备管理中的应用

第七节 煤化工机械设备安装工程中的质量控制和技术管理

煤化工机械设备的安装质量对煤化工企业的正常运转和未来发展有着重要的作用，因此，要重点关注煤化工机械设备安装工程的质量控制和技术管理，从而保证煤化工机械设备运行的稳定运行，以提高煤化工企业的经济效益。

煤化工企业是我国现阶段经济的重要组成部分，目前，我国的煤化工生产工艺过程和机械设备操作比较复杂，所以对煤化工机械设备的安装工程质量提出了更高的要求。煤化工机械设备的安装工程是机械设备运行安全和可靠性的重要保障，但部分煤化工企业管理制度不完善，机械设备复杂以及施工技术有限，从而导致机械设备的安装质量存在较大隐患，因此需要对煤化工机械设备的安装工程进行质量控制和技术管理，同时加强煤化工机械设备的安装质量，提高设备运行的安全可靠性，从而提高煤化工企业的经济效益。

一、煤化工机械设备安装工程存在隐患的原因

煤化工机械设备安装技术主要包括以下两种：①含垫铁的的煤化工机械设备，它对设备的防震稳定性有很高的要求，因此需要采用压浆技术将垫片进行安置，从而增大垫铁和设备基础之间的接触面积，在安装完成后对安装质量进行验收；②有联轴器的煤化工机械设备的安装。连轴器是机械设备中常见的连接件，在设备安装中需要根据不同的传动系统严格选择联轴器的型号，以保证设备正常运行。

（一）煤化工机械设备安装工程管理体系不完善

煤化工企业是国民经济的重要支柱产业之一，其机械设备的安装运行直接影响着企业的经济效益。现阶段，我国关于煤化工机械设备的监管体系不够完善，在施工过程中，对施工技术管理和工艺要求的监督不够严谨，监管人员工作积极性较差，对不合理现象的惩罚力度较薄弱，使不法分子钻了空缺，从而导致煤化工机械设备安装工程质量下降，达不到施工工艺标准的要求，从而影响煤化工企业的正常运转和经济效益。

（二）部分煤化工机械设备自身存在质量问题

煤化工企业的机械设备要求具有耐高温、耐腐蚀、防震、动力较大等特点，与其他行业相比，煤化工行业会经常涉及化学物质，工作环境比较恶劣，因此对设备本身的质量要求更为严格。由于设备市场复杂，部分供货商以盈利为目的而降低制造成本，从而严重影响了设备的质量，使得机械设备在安装后存在着安全隐患，降低了机械设备的使用寿命，直接影响到煤化工企业的正常运转。

（三）煤化工机械设备安装工程技术落后

我国的煤化工企业生产规模很大，生产制造过程比较复杂，资金消耗速度快，在安装工程中，安装队伍和人员的流动性较大、稳定性较低，对新型的设备不够了解等，因此难以保障煤化工机械设备在安装过程中的质量，同时安装人员对设备的技术管理欠缺，会对安装工程质量造成一些安全隐患。随着我国科学技术不断发展，煤化工机械设备也在不断更新，对安装人员的技术水平提出了更高的要求。

二、煤化工机械设备的安装工程的质量控制和技术管理的有效措施

（一）建立完善的质量控制和技术管理监督体系

对于煤化工机械设备的安装质量问题，要从根本上解决，首先，要建立完善的监督管理体系，在建立安装队伍时，要对安装人员的操作技术水平和专业知识等资质进行严格审核，建立一支综合素质较高、技术过硬的安装队伍，详细制定各个环节的操作标准和安装规范，严格监督煤化工机械设备施工安装的各个环节，并严格按照要求执行。

（二）做好材料安装和设备生产质量的监督管理

安装材料的质量对机械设备的整体安装质量有着至关重要的作用，是设备安装质量的重要保障。因此要加强对安装材料的采购管理以及检验监督，保证进厂材料符合相关的工艺及技术标准；从源头上保障安装材料的质量，在选择生产厂家时，要对生产厂家的生产材料进行检验并记录，对生产不合格的产品拒收，严禁不合格材料进厂；采用公开、公平、公正的招投标形式，使采购透明化，采购到高质量的煤化工机械设备。

（三）加强安装工程施工资料和机械设备资料的管理

煤化工企业对设备安装工程的施工资料管理疏忽，很容易导致煤化工机械设备的使用、维护维修方面的安全隐患，因此要加强对安装施工资料和机械设备资料的管理，首先要对安装工程的施工图纸进行审查，确保施工过程的合理性，然后，对施工环境、零部件是否齐全，各项设施是否到位等等进行确认，以减少安装过程中出现问题，并详细记录，在施工质量完成后，要将这些竣工资料进行整理成册并存档。

我国煤化工企业的建设工程日益复杂，对技术要求越来越高，因此需要加强对煤化工机械设备安装工程的质量控制和技术管理。做好安装前的准备工作，安装人员配备完善，掌握安装工程的技术要点和技术难点。通过管理人员多方面的监督管理，加强质量控制和技术管理，对提高我国煤化工机械设备的安装质量水平有重要意义。

第六章 工程技术在设备管理中的应用

第八节 医学工程技术人员在影像设备管理中的工作

随着我国医疗技术的不断发展,使得各种高科技影像设备也在医疗领域中得到了较为广泛的应用,对于我国医疗水平的进一步提升也有着一定的促进意义。而医学工程技术人员还需要担任起影像设备的管理维护工作,其工作效果还会直接影响到这些医疗影像设备的具体应用职能。本节主要就医学工程技术人员在影像设备管理中的具体职能进行了探究分析。

在现代化医院中,医疗装备的先进程度也是判断该医院医疗水平的一个前提条件,但是部分高科技医疗设备还会涉及计算机、电子学、光学以及机械学等多种学科,这也就对其维护与管理工作提出了更高的要求。因此说各医疗机构还需要积极进行医学工程技术人员的招聘以及培养工作,这样才能够有效保障各种医疗设备的使用性能,从而为自身带来良好的经济效益和社会效益。

一、影像设备管理中医学工程技术人员的重要意义

在医疗影像设备的应用过程中,只有对其进行合理科学的管理和维护工作,才能够有效避免设备运行故障的发生。而对于大型放射设备而言,还需要安排良好责任心以及专业能力的维护人员来进行负责,并要求经验丰富的人员去进行操作,这样才能够保障这些影像设备的安全正常使用。通过在影像科配置工程技术人员的模式,其目的在于能够在一线进行各种医疗设备的密切接触,借此来对设备的具体使用情况有一个清晰的了解,对于设备在应用过程中的常见故障也能够进行迅速的解决。只有这样才能够避免小故障转化为大故障,借此来使得开机率得到有效的提升。此外医学工程技术人员还能够在结合厂家相关要求的基础上来对该影像设备进行定期的维护以及保养,这样也就能够使得设备的使用寿命和使用性能得到有效的提升,借此帮助该医疗机构获得良好的经济效益。

二、影像设备工程技术人员的具体工作内容

(一)进行各种影像设备的安装调试工作

医院在购进影像设备的过程中,还要求在医学工程技术人员在设备的安装过程中把好质量关,在此过程中还需要对这些影像设别的性能、结构、操作规程以及维修过程中的注意事项进行充分的了解,并需要做到最新设备心里有数,以便于后续的维护工作得以顺利进行。此外因为部分医疗影像设备比较巨大与复杂,因此在具体的维护过程中还需要结合实际情况,来进行单人独立维修模式或者多人写作维修模式的合理选择,这样才能够有效保障该设备的运行质量。

（二）设备管理职能

为了使得大型医疗设别的应用效能得到最大限度的发挥，还要求其做到将质量控制作为中心，在该过程中也就需要充分发挥出各个技术专业的作用以及完整的现代化管理措施，这样才能够将医疗影像设备日常管理中的各项作业进行有效的协调，并进行优质一个像以及正确诊断结论的提供。就设备管理角度出发，其还需要各医疗机构能够做到以下三点。

（1）给予影像设备使用人员进行相应的培训工作，并要求其能够掌握产生优质影像的各个环节，并且需要进一步加强机房环境和供电方面的管理工作，这样也就能够在设备日常使用过程中让机房的温度跟湿度都能够控制在允许范围内，从而保障该医疗影像设备的应用效果。

（2）保障设备始终处于最佳的运行状态之中，比如说在应用CT机之前，还要求在每天使用之前进行球管的训练，然后在球管平稳升温，并得到了充分预热之后再进行后续的扫描工作，这样也能够使得球管的使用寿命得到有效的延长。此外在具体的影像设备使用过程之中，需要进行定期的空气校准工作，借此来保障CT值的准确性、空气分辨率以及低对比度分辨率这三项指标能够充分满足相应的标准。此外医学工程技术人员还需要定期对影像医疗设备的全机运行状况进行测量检验，对于设备运行过程中存在的各种问题还需要进行及时有效的解决，这样才能够保障整个影像设备的运行性能以及使用寿命。

（3）加强对设备的维护以及保养措施：为了保障影像设备的应用效果也就需要对架内运动部件以及架床运动部件进行扫描处理，并需要进行润滑油的定期擦拭。此外还要求维护人员进行设备内外部灰尘的定期清理工作，借此来避免因为灰尘长期不清理所引起的各种故障发生。只有做好日常设备的维护以及养护工作，对于出现故障的部位进行及时的更换以及维护处理，也能够有效避免各种运行故障的出现。

（4）做好设备的维修工作：在医院工作中还存在有医疗任务比较急的特征，因此当设备出现了故障之后，还需要在保障机器修复质量以及修复速度的基础上，来尽可能地节省修复费用。为了取得良好的维护效果，还需要医学工程技术人员能够对相关设备的运行性能以及具体构成情况有一个清晰的认知，并具备良好的专业技术水平以及专业素质，这样才能够进行故障部位的及时诊断以及处理，从而使得医院的影像诊断工作得以有序进行。

医疗影像设备作为现阶段医院进行疾病诊断的重要部分，其应用质量往往还会直接影响到该医疗机构的医疗水平，针对这一问题，也就要求各医疗机构能够充分了解医学工程技术人员的重要性，并需要做好各影像设备的维护以及管理工作，只有这样才能够帮助该医疗机构获得良好的经济效益和社会效益，并为其持续发展奠定一定的基础。

第九节　设备工程保障的技术层次管理

结合制造业企业设备管理的实际情况，论述加强设备工程保障技术层次管理的重要性，和具体的技术管理操作内容，以及各层次逐层提升方法和不同层次间的相互关系。

一、设备工程保障的技术层次管理概述

设备工程保障部门作为企业经济运行体系中的一个职能团队，不但有举足轻重的作用，其管理水平与技术层次的高低，也直接影响企业的生产效率和经济效益。部分制造业企业的设备工程保障工作一直未走出困境或走上良性循环的主要原因多为，在生产过程中不重视设备点检、维护和保养，以及管理与监控等工作；生产忙时为了不影响生产，对细小的故障问题不重视排除或不及时进行跟踪处理，等到发生严重故障后再进行被动的抢修；生产不忙时，既不能充分利用生产的停歇时间进行系统性的设备隐患排查，又不实施必要的检修。常出现生产忙时，设备工程保障部门的服务工作更忙，无序加班或抢修工作不断，生产成本及维修费用居高不下，不仅造成检修工作量的无谓加大，而且设备运行效率一直较低；个别企业领导及管理人员对做好设备工程保障工作认识不足，对设备技术参数的记录工作不重视，不仅不重视数据积累和应用统计分析方法，而且出现了记录做假或记录不全等情况，在设备保障服务层次的科学化和规范化管理方面做得较差。笔者从加强设备工程保障体系工作的实际情况出发，论述设备工程保障技术层次存在的问题及加强管理的意义。

二、设备工程保障的技术层次分析与管理

企业要保持较强的核心竞争能力，不仅要有先进的设备，还要保证设备的正常运行和长周期地保持良好的技术状态，能发挥最大功效及实施科学的设备管理模式。近三十年发展起来的制造业企业，多数拥有现代化的高效率生产线，实现连续生产和保证最大化产能的关键是做好设备工程的保障工作，既要减少员工的无序化工作状况，又能科学地降低他们的劳动强度。设备工程管理体系虽已经历了事后维修阶段、预防维修阶段、生产维修阶段和全员生产维修（维护）阶段，但对于机、电、动、液等技术专业工作来说，还应遵循科学的理论管理体系及发展规律。实施不同的维修模式时，不但要充分考虑其不同的特征与作用，还要结合企业的设备特点与生产实际现状，不能生搬硬套。

（一）最低层次是应急维修

应急维修是指在正常生产过程中出现的突发性故障，需要工程保障人员采取紧急抉择的抢修。应急维修的特点是被动式或无任何规律可言的，是针对随时都有设备故障发生的

可能，造成的后果也比较严重的故障修理。例如，必须是在设备停机或已影响连续生产情况下进行的。经常无序的应急维修不仅会降低生产效率，影响连续生产时间，还会导致员工心绪烦躁、疲惫、压抑和抱怨等，是属于设备事后维修的低级管理模式阶段。员工因长时间处于被动地应急抢修状态，而企业配置的人力较少、员工薪资较低和劳动强度较大，造成员工的工作抵触情绪较高。以某有色金属加工企业连续自动化生产线为例，在建成投产的前两年时间内，虽然是设备新、人员新，设备工程保障人员的学历高和工作有干劲，但因没有实施系统的设备工程技术管理模式与措施，生产线一直处于无序的应急抢修状态，出现设备故障频发、修理任务应接不暇和维修工作量大的情况，根本无法保证生产线的连续、高效和正常生产，不仅产量上不去，还出现了人心浮动情况。此层次主要由接修人员填写和报修人员确认的《维修服务报修记录》，由维修人员填写、操作人员确认的《维修服务记录》，由操作人员填写、维修人员确认的《设备运行情况记录》等组成的工程保障原始记录，辅以《停机时间考核办法》和《工程维修服务管理规定》等，属最低层次维修。

（二）第二层次是需求改善

需求改善是指由操作人员提出后不需要紧急停产而进行的维修，是在设备停滞期间进行的需求改善。不仅是被动进行的维修方式，而且多数情况是在设备待料停机、应急检修、周期维检等生产停滞时间内进行的。设备操作或维修人员在生产过程中，实际上已经发现了设备故障及隐患，但因存有侥幸心理，认为暂时不会影响生产或发生大的设备故障，常使设备带病运行。事实证明，一旦发生了大的设备故障后不但会造成严重的经济损失，引发更为严重的安全事故，还需要长时间的停机停产修理才能恢复到正常生产的情况。例如，某连续生产线的联合拉拔设备，操作工的工资是以产量记提的，因而出现了为了追求产量而使点检工作不到位和对设备故障及隐患视而不见的情况，操作工既不作报修停机或应急检修处理，也不进行必要的保养与维护工作，只是在待料或安排周期检修时才提出需求改善，结果发生了产品批量划伤而报废的质量事故；由于拉拔小车导轨发生严重的高温磨损，不得不长时间进行停机修理等。该层次的特征是，不仅会出现正常生产过程中的突发性应急维修项目多，还会造成维修费用高和维修资源浪费现象，以及容易发生产品质量缺陷等。

（三）第三层次是周期维检

周期维检是主动性的服务保障性工作，是在应急维修正确填写各种原始记录基础上开展的工作，例如，《月度设备台时统计分析数据》等，结合相关的工程保障维保检修周期，建立适宜各专业工程保障实际情况的班、日、周、月、季、年等周期性点检、维保和检修的工作模式，减少应急维修情况发生频次和保证需求改善，达到生产有序和高效运行的目的。针对流程工业设备的生产特点，例如，铜管生产线等设备，可以运用"机会维修"的理念，组织在生产淡季和节假日进行保养与维修；通过监测技术做好设备状态预测和维修工作；通过"部件""组件"等总成替换方式降低全线停机时间；通过流程生产线内部的

"机会维修"策略进行同步检修;实施"批处理"与扩大同步检修组合的维修模式等,均可取得较好的效果。以某加工制造企业为例,因为是自动化生产线设备,为了不影响公司的正常生产,针对不同的生产工序成立了设备工程保障班组,充分利用每天的打扫卫生和交接班时间、每周的倒班时间、避峰生产时间、关键工序突发故障或检修待料等时间,进行有计划、有步骤和多工序同时进行的周期检修,不仅有效缩短了检修交叉时间、降低了无序故障的发生频次,也极大提高了生产线的整体功效。该层次执行的是:由操作人员实施、维修人员确认的《设备运行情况记录》,维修人员实施、操作人员确认的《设备润滑记录》《设备维保记录》《设备检修记录》等,辅以《工程保障管理检查通报》《维修人员周期维检工时统计》等进行跟踪考核管理,以保证服务保障工作的质量和提高工作效率。本层次是工程保障人员利用非生产时间开展的有据可依和有的放矢的主动维修,维修工作的有效性主要体现在,能极大降低被动接受服务的频次和影响生产的停机时间,是使工程保障服务变忙乱为有序、变抱怨为业绩、变被动为主动的较高级管理层次。

(四)最高层次是创新改造

创新改造也是主动性的服务性保障工作,是来源于长期的数据统计分析、沟通交流信息,以提高生产效率、改进产品质量、降低生产成本、减轻劳动强度、节约资源和减少环境污染等为目的。利用设备的非影响生产时间组织实施的工程技术改造和设备维护工作,能从根本上减少应急维修和服务需求的发生频次,例如,某企业实施的轧机润滑系统创新改造项目,就是通过长期进行设备工程管理数据的统计分析,实时的主动点检监控,加强检修、操作人员的互动沟通与交流,以及加强检修人员的定期检修周期工作等,总结分析出生产线上关键设备的故障率高、检修周期短、劳动强度大和影响工效的主要原因及部位,通过利用企业的生产淡季主动实施技术上的创新与改造,将上述问题从根本上得以彻底解决,不仅使原来的检修周期提高了近一倍,也大大提高了工程保障功效。该层次的主要工作特征是:设计了有创新人员实施的《创新申报表》,辅以《创新评审办法》进行评审和鉴定。本层次是从根本上减少应急维修、需求改善的主动服务,是工程保障服务工作走向更为成熟的具体体现。创新改造工作开展得多与少,不仅充分体现了企业工程保障服务的技术水平,也能体现员工工作的主动性与自觉性,是工程保障的最高服务层次。

工程保障服务的技术层次分为:应急维修、需求改善、周期维检、创新改造四个层次,各层次是逐层提升和递进的技术关系,它们不是完全被割裂开来的技术层次,而是相互之间是此消彼长的关联与互动关系。实践证明,设备工程保障服务的"主动出击"次数越多、员工越有规律的忙,被动维修的情况就会越少和员工越有规律的闲,而不应该是生产闲时设备工程保障服务人员"在忙",生产忙时"更忙"的情况。随着设备运行时间的逐渐延长与不断磨合,设备工程保障的技术层次也会由单一的、低层次的被动服务,向多方面和高层次的主动服务拓展与转变,并为企业高效、稳定和低成本生产提供可靠的物质保障。

结束语

　　一些企业忽视了对工程设备管理人员培育与发展，对工程设备的管理、使用和维修人员大量精简。再加上工程环境和作业条件恶劣，工程设备管理使用者工作待遇低，工程设备管理培训及激励制度不健全，导致优质的工程设备管理人员难以产生，尤其是中高级机械技师、工程师和富有经验的操作维修人员的缺乏，是工程设备管理问题存在的重要原因。

　　维修保养工作是工程设备管理的重要环节，然而这一环节存在一系列问题。如有些工程项目环境本身对工程设备破坏性比较大，一旦保养和维修不到位就会造成一系列的问题，这就对设备保养提出了更高的要求。而且保养又受机具和生产任务的限制，常常做不到位，致使设备的非正常磨损加剧，设备完好率降低，寿命减短。维修人员为减轻自己的工作，推卸工作责任，工程设备使用人员的技术人员培养也存在一些问题。从而造成一系列的维修和保养问题。

　　虽然很多的工程都制定了工程设备管理办法，出台了相应的制度化文件，构建了相应的组织结构，但是真正严格按照执行的工程还是比较少，而且在相互监督和管理方面存在一系列的问题，形成了一种"管理人员管不了、操作人员只管用、维修人员只管维修"的畸形管理模式，造成组织管理和制度化管理的问题。

　　优化工程设备管理需建立工程设备垂直化管理网络，在企业层面，需在企业分管经理的领导下，以资产管理相关部门为专职管理部门建立公司级工程设备管理网络，负责对各项目工程设备管理工作的检查、监督、指导。在项目层面，需在项目分管经理领导下，以项目资产管理相关机构为专职管理部门建立项目级工程设备管理网络，负责对项目工程设备管理工作的检查、监督、指导。

　　另外如有二级单位的企业，需要建立二级单位分管领导的领导，建立二级单位工程设备管理网络，具体组织实施本部门的工程设备管理工作。并指派一名负责人分管单位工程设备管理工作。

　　企业方面应该至少每季度召开一次工程设备管理例会。例会由企业资产管理相关部门负责召集，各二级单位或项目工程管理员参加，必要时部门分管工程设备的领导参加。例会的内容包括各二级单位或项目部汇报本单位工程设备管理、使用保养、维修和操作人员培训以及工程设备事故等方面的情况，互相总结交流经验教训，提出工程设备管理工作中存在的问题，研究解决办法，布置下一步的工作。对于工程设备管理存在较严重问题或存在带有普遍性问题时，资产管理部门应随时召集工程设备管理会议，研究和布置工程设备管理工作。